V&R Academic

Diagonal
Zeitschrift der Universität Siegen

Jahrgang 2015

Herausgegeben vom Rektor der Universität Siegen

Stephan Habscheid / Gero Hoch /
Hilde Schröteler-von Brandt / Volker Stein (Hg.)

Gestalten gestalten

Mit zahlreichen Abbildungen

V&R unipress

Bibliografische Information der Deutschen Nationalbibliothek

Die Deutsche Nationalbibliothek verzeichnet diese Publikation in der Deutschen
Nationalbibliografie; detaillierte bibliografische Daten sind im Internet über
http://dnb.d-nb.de abrufbar.

ISSN 0938-7161
ISBN 978-3-8471-0503-9
ISBN 978-3-8470-0503-2 (E-Book)
ISBN 978-3-7370-0503-6 (V&R eLibrary)

Weitere Ausgaben und Online-Angebote sind erhältlich unter: www.v-r.de

Inhalt

Stephan Habscheid, Gero Hoch,
Hilde Schröteler-von Brandt & Volker Stein
Gestalten gestalten. Zur Einleitung in das Heft 7

Christian Erbacher
Der gestaltete Gestalter. Die Editionsgeschichte der Schriften Ludwig
Wittgensteins und das Medien-Problem des Philosophierens 13

Petra Lohmann
Architekturphilosophische Beiträge zu Fragen der Gestalt. Karl Friedrich
Schinkels Fichte-Rezeption und ihre Bezüge zu neueren Theorien des
Gestaltbegriffs 27

Katja Wirfler
Konstruktionen gestalten oder Gestalten konstruieren – ein Pleonasmus? 43

Ulrich Exner
Dialog mit Raum 51

Claus Grupen
Gestalten mit Michelangelo 65

Andreas Zeising
»Bildendes Schaffen mehrt die Erkenntnis der Welt«. Gestaltungslehre bei
Alfred Ehrhardt, Max Burchartz und Gerhard Gollwitzer 69

Stefanie Marr
Montagsmaler – Meister brauchen nicht vom Himmel zu fallen 81

Susanne Dreßler, Benjamin Eibach & Christina Zenk
Gestaltet eine Musik, die richtig gut zur Modenschau passt! –
Überlegungen zur Gestaltung problemhaltiger Situationen im
Musikunterricht 101

Gustav Bergmann
Mit-Welt-Gestalten: Versuch über die relationale Entwicklung 123

Tobias M. Scholz & Matthis S. Reichstein
Wenn neue Paradigmen in die Gestaltung von Arbeitswelten eingreifen:
Hacker-Ethos in der Digitalisierung 135

Christian Henrich-Franke
Experten versus Politiker: Wer gestaltet die transnationalen Netze der
Telekommunikation? 149

Björn Niehaves & Oliver Heger
Verantwortungsvoll gestalten 169

Die Autorinnen und Autoren des Heftes 181

Stephan Habscheid, Gero Hoch, Hilde Schröteler-von Brandt &
Volker Stein

Gestalten gestalten. Zur Einleitung in das Heft

Die Tätigkeit des Gestaltens gehört zu den Erfahrungsbereichen, in denen sich
Wissenschaft und Praxis – vermittelt durch »Experten des Alltags« (Hörning
2001) – zwanglos begegnen. Viele Praxisfelder der modernen Gesellschaft – von
der öffentlichen Verwaltung über den Industriebetrieb bis zur Technisierung der
privaten Kommunikation, vom Börsenhandel über den Leistungssport bis zur
Ästhetik des kommerziellen Kinos (um nur einige zu nennen) – wären nicht
denkbar ohne die spezifische gestaltungsorientierte Rationalität der modernen
Wissenschaft, und die Institutionen der modernen Wissenschaft hätten sich
nicht etablieren und entfalten können ohne die gesellschaftliche Verankerung in
den mit ihrer Hilfe tiefgreifend ›rationalisierten‹ Praxisfeldern (vgl. Derlien/
Böhme/Heindl 2011, S. 19–38; Knorr-Cetina 2012). Selbst der Kreativität als
einer nur schwer kontrollierbaren Triebfeder des Gestaltens versucht man durch
rational reflektierte »Techniken« und »Tools« auf die Sprünge zu helfen (vgl. z. B.
Pricken 2010).

Im Kontext des Gestaltens wird der gesellschaftliche Wert der Wissenschaft
weit über die monetäre Dimension hinaus am unmittelbarsten deutlich: Prak-
tiker fragen nach brauchbaren Modellen und Daten, Prognosen und Methoden,
um sie im Blick auf die Gestaltung von Industrieprodukten, Dienstleistungen,
Gebäuden, Orten, Geräten, Maschinen, Organisationen, Gesellschaften etc.
kreativ zu verarbeiten und aus den wissenschaftlichen Diskursen rationale
Gründe für ihre Entscheidungen abzuleiten; die Wissenschaft greift Problem-
hintergründe und Fragestellungen der Praxis auf, um das Erkenntnis- und
Problemlösungspotenzial ihres je spezialisierten Zugangs zur Wirklichkeit auf
die Gestaltung der Zukunft hin zu orientieren und zu steigern (vgl. Hörning
2001).

Der Rückgriff auf wissenschaftliche Rationalität im Kontext der Gestaltung
kann allerdings auch gravierend im Alltag misslingen und er kann ethisch
höchst problematische, gar verhängnisvolle Folgen haben. Jeder, der sich für
Probleme der Organisation interessiert, kennt aus der Literatur Fälle wie das
»London Ambulance Service Fiasco« vom Herbst 1992 (vgl. Heath/Luff 2000,

S. 1ff.), als durch die Implementierung eines neuen Systems zur elektronischen Verarbeitung von Notrufen schwerste Störungen der Kommunikations- und Arbeitsprozesse eintraten, so dass bereits nach kurzer Zeit das neue System zusammenbrach und der herkömmliche Betrieb wieder aufgenommen werden musste. In der Analyse des Falls (Page/Williams/Boyd. 1993; vgl. dazu Heath/ Luff 2000, S. 3ff.) bestimmten die Experten als wesentliche Ursache für den Misserfolg, dass die Verantwortlichen zu wenig beachtet hätten, wie die Beteiligten in der alltäglichen Kommunikation mit anderen bereits selbst ihre Arbeit gestalteten. Einfache Werkzeuge wie Stifte und Papier seien nicht ernst genommen und auf ihre Funktionalität hin untersucht, sondern schlicht missachtet und ersetzt worden. Man habe irrtümlich angenommen, dass durch die Einführung eines technischen Systems Veränderungen der alltäglichen Arbeits- und Kommunikationsabläufe von außen verursacht werden könnten. Bei dem Versuch, das Verhalten der Beteiligten durch ein Korsett vorgeplanter, starrer Abläufe zu regulieren, habe man dem kontingenten, situierten und flexiblen Charakter von Arbeitsprozessen zu wenig Beachtung geschenkt.

Dieses Beispiel für das Scheitern einer ambitionierten Gestaltungsmaßnahme zeigt – als eines unter vielen (vgl. z. B. mit Bezug auf IT-Projekte Mittler/ Wolfsgruber 2012, S. 375) – zunächst, dass Gestalten selbst eine Tätigkeit ist, die der Reflexion und Gestaltung bedarf, Gestaltung stellt ein Problem der Gestaltung dar. Darüber hinaus wird deutlich, dass es die Gestalter oft mit »Objekten« zu tun haben, die bereits *vor* der rationalen Gestaltung »in sich selbst sinnhaft strukturiert« sind (Bergmann 1993, S. 283), weil den Analysen der Wissenschaftlerinnen und Wissenschaftler und der wissenschaftlich geschulten Gestalterinnen und Gestalter »immer schon die Interpretationen der Handelnden« selbst vorausgehen (ebd.). Diese sind nicht nur von der Gestaltung betroffen, sondern müssen auch, damit der Gestaltungsprozess Erfolg hat, auf der Basis von Verstehen und Akzeptanz daran mitwirken. Dies gilt nicht nur für technische Geräte, kommunikative Prozesse, Sprachwahlen, Sprechweisen etc. am Arbeitsplatz, sondern zum Beispiel auch für die Umgestaltung von öffentlichen Orten, Wohnraum, Verkehrsinfrastrukturen, Alltagsgegenständen, Konsumgewohnheiten, Verhaltensweisen, Identitäten oder Beziehungen.

Der Ansatz, die Mitwirkenden *diskursiv* am Gestaltungsprozess zu beteiligen, scheitert nicht selten daran, dass diese den weitaus größten Teil der alltäglichen Praxis gerade nicht im Sinne wissenschaftlicher Rationalität reflektieren und daher selbst kaum zu sagen vermögen, wie sie im Einzelnen Tag für Tag ihre Praxis gestalten. In einer auf Alfred Schütz' Studie über »Das Problem der Rationalität in der Sozialwelt« (1943/2010) aufbauenden Untersuchung hat der Begründer der Ethnomethodologie, Harold Garfinkel, die zugrunde liegende Überlegung einmal konzise so formuliert:

»Um das eine Zehntel seiner Situation, das wie ein Eisberg über dem Wasser liegt, rational zu behandeln, muss er [jemand, der seine Alltagsangelegenheiten betreibt] fähig sein, die neun Zehntel, die darunter liegen, als unfraglich und, interessanter noch, als einen unbezweifelbaren Hintergrund von Dingen, die nachweislich relevant für seine Kalkulationen sind, aber die erscheinen, ohne bemerkt zu werden, zu behandeln.« (Garfinkel 1960/2012, S. 56f.; i. d. Übersetzung von Christian Meyer)

Diese Überlegung betrifft zunächst einmal die ungeheure Komplexität an Wissen und zweckrationaler Kalkulation, die erforderlich wäre, um etwa zu entscheiden, dass in einer Situation eine bestimmte Aktion die (z. B. spieltheoretisch) optimale Wahl von Handlungsziel und Handlungsmittel darstellt. Ein zweiter Aspekt der Überlegung besteht darin, dass die tatsächlich vollzogene Handlung den Beteiligten nur unter der Bedingung als ›vernünftig‹ erscheinen kann, dass der gesamte Kontext, in den die Handlung gestellt wird, für stabil und fraglos gegeben erachtet wird. Würde man zum Beispiel in Frage stellen, ob ein Notruf beim Rettungsdienst überhaupt eine sinnvolle Option für einen Verunglückten darstellt, verlören die Handelnden schlagartig den Boden unter den Füßen. An dieser Stelle kommen – für Gestaltungsprozesse wesentliche, aber wissenschaftlich wie auch im Alltag in der Regel übersehene – Fähigkeiten in den Blick, die in der Literatur unter Bezeichnungen wie Habitus, Gewohnheiten, Dispositionen, Routinen, Praktiken, Know-how, Skills, Fähigkeiten etc. firmieren und die ihrerseits wissenschaftlich genauer zu bestimmen und unter differenzierter zu unterscheiden sind (vgl. z. B. Schulz-Schäffer 2010). Vor allem auf solchen Konzepten kann eine Wissenschaft vom Gestalten, die alltägliche Praktiken der Interaktion (grundlegend: Schegloff 2012) für den Gestaltungsprozess ernst nehmen und fruchtbar machen will, theoretisch und empirisch aufbauen (grundlegend: Suchman 2007). Gestalten setzt Verstehen voraus.

Eine besondere Pointe von Garfinkels (1960/2012) Argumentation besteht schließlich in der durchaus provokativen These, dass klassische wissenschaftliche Theorien über die soziale Praxis auf einem grundlegenden Irrtum von Wissenschaftlern beruhten: Diese nähmen zu Unrecht an, dass ihre eigene, genuin wissenschaftliche Rationalität sich als Modell zur Erklärung alltäglichen Handelns eigne, dem die wissenschaftliche Form von Rationalität – etwa das Prinzip des fundamentalen Zweifels – jedoch grundsätzlich fremd sei; bei einer derartigen Vorgehensweise, so Garfinkel, dürften sich viele Probleme der rationalen Modellierung menschlichen Verhaltens

»als hausgemachte Probleme herausstellen. Die Probleme wären dann nicht den Komplexitäten des Gegenstands geschuldet, sondern dem Beharren darauf, Handlungen entsprechend wissenschaftlichen Dünkels zu begreifen, statt auf die eigentlichen Rationalitäten zu achten, die das Verhalten von Menschen tatsächlich aufweist, wenn sie ihre praktischen Angelegenheiten regeln.« (Garfinkel 1960/2012, S. 51f.; i. d. Übersetzung von Christian Meyer)

Die Wissenschaften vom Menschen wären freilich schlecht beraten, würden sie vor diesem Hintergrund von den herkömmlichen Formen ihrer Rationalität einfach verabschieden, die ihren Erfolg in der modernen Welt wesentlich und nachhaltig begründen. Was für bestimmte Richtungen in den Sozial- und Kulturwissenschaften in den Mittelpunkt des Erkenntnisinteresses rückt, wird für andere, vielleicht sogar für *alle* Disziplinen eher eine Ergänzung darstellen können – eine sehr sinnvolle allerdings.

In der Zusammenschau ist daher die Frage danach, wie wissenschaftlichen Schöpfungen durch Prozesse der Gestaltung entstehen und wie sie in der Gestaltung der Welt, im Guten wie im Schlechten, zum Tragen kommen, für manche Disziplinen zentral, für andere kann sie eine sinnvolle Horizonterweiterung darstellen. DIAGONAL, die interdisziplinäre Zeitschrift der Universität Siegen, fragt in ihrer 36. Ausgabe danach, wie in den verschiedenen Fächern gestalterische Probleme gelöst werden und wie in manchen Disziplinen das Gestalten selbst als ein Gegenstand der Wissenschaft untersucht und/oder als Kompetenz gefördert wird.

Das Feld möglicher Themen, die je nach Fachgebiet konkretisiert und anhand aktueller Forschungsgegenstände veranschaulicht werden können, ist dabei erstaunlich breit. Die Reflexion von »Gestalten gestalten« auf einer Meta-Ebene betrifft unter anderem:

– *Gestaltung als Zielsetzung* und *Grenzen der Gestaltbarkeit:* Welche Ziele und Teilziele nehmen Gestalter in den Blick und worauf achten sie typischerweise nicht? In welchem Verhältnis stehen zum Beispiel bei Artefakten Gestaltungsidee und materielle Formfindung zueinander? In welchem Maße erwartet man – je nach Disziplin – von Wissenschaftlerinnen und Wissenschaftlern, dass sie neben Analyse, Interpretation und Erklärung selbst Lösungs- und Gestaltungsvorschläge entwickeln und vertreten (vgl. Streeck 2013, S. 8)? Oder werden im Gegenteil Gestaltungsfragen im wissenschaftlichen Kontext für verzichtbar und sogar – im Blick auf die Objektivität im Erkenntnisprozess beziehungsweise die ethische Dimension der Beziehung von Wissenschaft und Gesellschaft – für potenziell schädlich gehalten? Sind alle Arten von Phänomen oder »Systemen« in gleichem Maße gestaltbar, wo liegen jeweils Grenzen der Gestaltbarkeit?
– *Probleme der Legitimation des Gestaltens:* Wie weit darf – je nach Gestaltungsobjekt und Kontext – der Gestaltungsanspruch reichen? Ist nicht jedes Gestalten-Wollen der Welt bereits ein paternalistischer Eingriff, der die Freiheit anderer beschränkt? Was wird dann aber unter »Gestaltungsfreiheit« gefasst? Inwieweit kann und darf zum Beispiel bei der Gestaltung von (öffentlichen) Räumen Gestaltung formalisiert und durch Gestaltungssatzungen oder Gestaltungsbeiräte beschränkt werden?
– *Gestaltungsprozess-Gestaltung und Partizipation:* Lassen sich Gestaltungs-

prozesse allgemein oder fachspezifisch systematisieren? Welche Akteure nehmen – je nach Institution – von außen auf den Gestaltungprozess Einfluss, mit welchen Konsequenzen? Wie kann Teilhabegestaltung organsiert werden und welche Rahmenbedingungen erfordert sie? Welche Teilhabechancen eröffnen sich durch (kulturelle) Bildung? Welchen offiziellen und impliziten Gestaltungsprinzipien folgt – je nach historischem und kulturellem Kontext – die alltägliche wissenschaftliche Praxis, wie wirkt sich die Gestaltung der Prozesse auf das Ergebnis des Erkenntnisprozesses aus?

– *Evaluation von Gestaltungsprozess und -ergebnis:* Wann gilt ein Gestaltungsprozess als gelungen und wann kann er als abgeschlossen gelten, wenn dies überhaupt jemals möglich ist? Wie geht man im Blick auf das Gestaltungsergebnis mit verschiedenen Perspektiven und Anspruchsniveaus um? Sollte zum Beispiel die Frage »Was ist schön?« bei einem künstlerischen oder architektonischen Werk neben der ästhetischen Dimension auch Nutzungsimplikationen umfassen?

– *Gestaltungskompetenz und ihre Förderung:* Welche Grundbedingungen sind personenbezogen, aber auch situations- und kontextbezogen für das Gestalten erforderlich? Schließen etwa ästhetische Prozesse die künstlerische Reflexion auf das eigene Werk, seines Entstehens und Kontextes, seines Beitrags zur innovativen Entwicklung und seiner Einordnung in ein künstlerisches Œuvre notwendigerweise ein? Inwieweit ist wissenschaftlicher Erfolg von Kompetenzen der Gestaltung abhängig? Um welche Art von Kompetenzen handelt es sich und welche Gestaltungsmöglichkeiten eröffnen sich über (zusätzliche) kommunikative, kulturelle, ethische etc. Bildung?

Viele dieser Fragen werden im vorliegenden DIAGONAL-Heft aufgegriffen. Die zwölf nachfolgenden Beiträge sind nicht durchgehend monodisziplinär zu verorten, sondern sie widmen sich – und dies macht ihren Reiz aus – ihren Fragestellungen in interdisziplinärer Weise. Die Beiträge schlagen einen Bogen von der Philosophie (Erbacher; Lohmann) über die Architektur (Wirfler; Exner) zu Kunst (Grupen; Zeising; Marr) und Musik (Dreßler, Eibach & Zenk), bevor Gestalten im gesellschaftlichen Kontext (Bergmann) und im wirtschaftlichen Kontext (Scholz & Reichstein; Henrich-Franke) übergeht in übergreifende ethische Ansprüche an das Gestalten (Niehaves & Heger). In all diesen Beiträgen wird durchgehend die Metaperspektive auf das Gestalten des Gestaltens eingenommen. Erkennbar wird unter anderem, wie intensiv im wissenschaftlichen Diskurs Aspekte wie Verantwortungsübernahme und die »Rationalisierung des Übergriffigen« am Übergang von Gestaltendem und Gestaltetem in den Blick genommen werden. Dies steht einer Hochschule wie der Universität Siegen, die dem Leitbild »Zukunft menschlich gestalten« folgt, gut zu Gesicht.

Literatur

Bergmann, Jörg R. (1993): Alarmiertes Verstehen: Kommunikation in Feuerwehrnotrufen. In: Jung, Thomas/Müller-Doohm, Stefan (Hrsg.), Wirklichkeit im Deutungsprozeß. Verstehen und Methoden in den Kultur- und Sozialwissenschaften. Frankfurt am Main, S. 283–328.

Derlien, Hans-Ulrich/Böhme, Doris/Heindl, Markus (2011): Bürokratietheorie. Einführung in eine Theorie der Verwaltung. Wiesbaden.

Garfinkel, Harold (1960/2012): Die rationalen Eigenschaften von wissenschaftlichen und Alltagsaktivitäten. In: Die synthetische Situation. In: Ayaß, Ruth/Meyer, Christian (Hrsg.), Sozialität in Slow Motion. Theoretische und empirische Perspektiven. Festschrift für Jörg Bergmann. Wiesbaden, S. 41–57.

Heath, Christian/Paul Luff (2000): Technology in Action. Cambridge.

Hörning, Karl H. (2001): Experten des Alltags. Die Wiederentdeckung des praktischen Wissens. Weilerswist.

Knorr-Cetina, Karin (2012): Die synthetische Situation. In: Ayaß, Ruth/Meyer, Christian (Hrsg.), Sozialität in Slow Motion. Theoretische und empirische Perspektiven. Festschrift für Jörg Bergmann. Wiesbaden, S. 81–109.

Mitter, Christine/Wolfsgruber, Horst (2012): Implementierung und Rollout von ERP-Systemen als Chance und Herausforderung für das Konzerncontrolling. In: Denk, Christoph/Feldbauer-Durstmüller, Birgit (Hrsg.), Internationale Rechnungslegung und internationales Controlling. Wien, S. 367–388.

Page, Don/Williams, Paul/Boyd, Dennis (1993): Report of the Inquiry into the London Ambulance Service. Report commissioned by South West Thames Regional Health Authority, U.K.

Pricken, Mario (2010): Kribbeln im Kopf. Kreativitätstechniken für Werbung und Design. 11. Aufl. Mainz.

Schütz, Alfred (1943/2010): Das Problem der Rationalität in der Sozialwelt. In: Eberle, Thomas S./Dreher, Jochen/Sebald, Gerd (Hrsg.), Zur Methodologie der Sozialwissenschaften (= Alfred Schütz Werkausgabe Band 4). Konstanz, S. 203–233.

Schegloff, Emanuel A. (2012): Interaktion: Infrastruktur für soziale Institutionen, natürliche ökologische Nische der Sprache und Arena, in der Kultur aufgeführt wird. In: Die synthetische Situation. In: Ayaß, Ruth/Meyer, Christian (Hrsg.), Sozialität in Slow Motion. Theoretische und empirische Perspektiven. Festschrift für Jörg Bergmann. Wiesbaden, S. 245–268.

Schulz-Schaeffer, Ingo (2010): Praxis, handlungstheoretisch betrachtet. In: Zeitschrift für Soziologie 39 (4), S. 319–336.

Streeck, Wolfgang (2013): Gekaufte Zeit. Die vertagte Krise des demokratischen Kapitalismus. Frankfurt am Main.

Suchman, Lucy (2007): Human-machine reconfigurations. Plans and situated action. Cambridge.

Christian Erbacher

Der gestaltete Gestalter. Die Editionsgeschichte der Schriften Ludwig Wittgensteins und das Medien-Problem des Philosophierens

1. Von Laasphe nach Cambridge – biographisch-regionale Vorbemerkung

Ludwig Wittgenstein (1889–1951) stammte aus einem der reichsten Häuser Europas vor dem ersten Weltkrieg. Die Ursprünge der Familie im heutigen Kreis Siegen-Wittgenstein waren jedoch sehr viel bescheidener, wie Brian McGuinness (1988) zu berichten weiß: Der Fischhändler Moses Meier aus Laasphe hatte nach einem Erlass Jerome Bonapartes zu Beginn des 19. Jahrhunderts einen Nachnamen anzunehmen. Wie einige andere Familien, wählte er kurzerhand den Namen des Fürsten und des nahegelegenen Schlosses. Moses Meier Wittgenstein ließ sich in Korbach nieder, wo er bald eines der größten Geschäfte im Ort besaß. Sein Sohn Hermann Christian wurde noch in Korbach geboren, zog aber nach Leipzig aus, um dort – als Tuchhändler – den Wohlstand der Familie weiter zu mehren. Mit seiner aus Wien stammemden Gattin Fanny Figdor hatte Hermann Christian zehn Kinder, von denen eines Karl Wittgenstein war, Ludwigs Vater.

Als junger Mann riss Karl Wittgenstein nach New York aus und schlug sich dort als Kellner und Hauslehrer durch. Von diesem Abenteuer brachte er zwar kein Vermögen mit, aber den Glauben an den amerikanischen Traum. Diesen sollte er in Wien verwirklichen, wo die Familie mittlerweile wohnte. Aus den USA zurückgekehrt, begann Karl als technische Hilfskraft beim Bau eines Walzwerks und Hochofens, erlebte dann aber einen unvergleichlichen Aufstieg zum Selfmade-Milliardär, der ein Stahl-Imperium regierte, das das gesamte Habsburger Reich versorgte. Noch heute trifft man in den Balkan-Ländern, Ungarn und natürlich in Österreich auf Spuren des Wittgensteinschen Stahls. Im Wien des Fin de Siècle zählte die Familie Wittgenstein unter Familienoberhaupt Karl zu den größten kulturellen Mäzenen – die Wiener Secession zum Beispiel war eines der vielen Projekte, die wesentlich durch die Unterstutzung der Wittgensteins verwirklicht werden konnten. Das Palais Wittgenstein wurde selbst zu einem kulturellen Zentrum der aufkommenden Moderne: Johannes

Brahms spielte im privaten Musiksaal, Gustav Klimt malte Familienmitglieder und Sigmund Freud analysierte sie.

Ludwig Wittgenstein fiel schon früh durch eine besondere technische Begabung auf. Dementsprechend immatrikulierte er sich später für Maschinenbau an der Technischen Hochschule von Charlottenburg, die als führend auf dem Gebiet galt. Einige Jahre später wechselte er an die Universität von Manchester. Im Zusammenhang mit den mathematischen Berechnungen seiner technischen Entwürfe entdeckte er seine intellektuelle Leidenschaft für die Grundlagen der Mathematik. Begeistert von Gottlob Freges *Grundgesetzen der Arithmetik* (1893) entschloss sich Wittgenstein, Philosophie der Mathematik zu studieren, anstatt Ingenieur zu werden. Mit diesem Vorhaben besuchte er Frege in Jena. Frege unterstützte Wittgenstein in seinem philosophischen Streben und empfahl ihm, bei Bertrand Russell in Cambridge zu studieren, der bereits die *Principles of Mathematics* (1903) veröffentlicht hatte. Im Herbst 1911 fuhr der Student Wittgenstein von Wien nicht mehr zurück nach Manchester, sondern spontan nach Cambridge und hörte dort seine ersten Vorlesungen von Russell – und in etwa in diese Zeit fällt wohl der Beginn der philosophischen Arbeit Wittgensteins, in deren Verlauf er Einsichten in die menschliche Sprache formulieren sollte, durch die er wie kaum ein anderer Denker des 20. Jahrhunderts viele akademische Disziplinen beeinflusste und aus der neuesten Geschichte der Wissenschaften nicht wegzudenken ist.

2.   Wittgenstein, der Philosoph als Sprachgestalter

In vielen Überblickswerken wird zwischen einem »frühen« und einem »späten« Wittgenstein unterschieden: Der frühe Wittgenstein bezieht sich danach auf das Werk *Tractatus Logico-philosophicus* (1922, deutsch: *Logisch-philosophische Abhandlung*) und der späte Wittgenstein auf das Buch *Philosophische Untersuchungen* (1953). Die einführenden Darstellungen geben weiterhin meistens an, dass der junge Wittgenstein mit den Lehren des *Tractatus* die Bewegung des logischen Empirismus inspirierte, wohingegen der reifere Wittgenstein in den *Philosophischen Untersuchungen* gerade diese Lehren dekonstruierte. Das ist nicht ganz falsch, aber doch zumeist irreführend. Lassen Sie uns daher mit einer philosophischen Einsicht beginnen, die für Wittgenstein kontinuierlich zentral blieb.

Wittgenstein war während seines gesamten philosophischen Lebens der Meinung, philosophische Probleme seien Probleme des Sinns und nicht der Wahrheit. Ob zum Beispiel die Außenwelt wirklich existiere, ob der Wille frei sei oder worin der Sinn des Lebens bestehe, waren für Wittgenstein niemals Fragen, die man mit philosophischen Theorien beantworten könne, welche aus wahren Sätzen zu bestehen hätten. Stattdessen entstünden solche Fragen aus Verwirrungen über ihren Sinn. Die Aufgabe des Philosophen bestehe daher darin, den Sinn dieser Fragen zu klären beziehungsweise ihre Unsinnigkeit aufzuzeigen. Gelingt dies, dann sind die philosophischen Fragen nicht mit wahren Sätzen beantwortet, aber das Problematische an ihnen ist verschwunden, sobald ihr Sinn oder ihre Unsinnigkeit erkannt wurde. Philosophieren bestand nach Wittgenstein sozusagen im Auflösen von Knoten, die durch Unklarheiten über den Sinn von Sätzen ins Denken gekommen sind.

Wenn dem so ist, dann stellt sich unmittelbar die Frage: Wie aber kann der Sinn von Sätzen dargestellt werden beziehungsweise deren Unsinnigkeit gezeigt werden? Diese Frage trifft ins Herz des Wittgensteinschen Philosophierens. Im *Tractatus* stellte Wittgenstein dazu eine logische Notation vor, mit der die Sätze der Alltagssprache einer logischen Analyse unterzogen werden sollten. Diese Idee der logischen Analyse wurde bereits von seinem Lehrer Russell in Cambridge praktiziert. Durch die Analyse sollte die logische Struktur eines Satzes aufgezeigt werden können, wodurch widersprüchliche oder irreführende Satzkonstruktionen entlarvt würden. Es ist an dieser Stelle nicht nötig, die Einzelheiten und Unterschiede der logischen Analyse nach Russell und Wittgenstein zu erörtern. Worauf es hier ankommt, ist die Tatsache, dass die logische Notation der Analyse ein gestalterisches Mittel war, um Sinn beziehungsweise Unsinn zu zeigen. Der *Tractatus* demonstriert eindrucksvoll, wie sehr Wittgenstein seine Aufgabe in der Gestaltung von Darstellungsmitteln sah: dies gilt nicht nur für die von Russell inspirierte logische Notation, sondern auch für die Wahrheitswerttabellen, die bis heute in jedem Seminar zur Aussagenlogik verwendet werden, sowie für die hierarchische Bauform des Buches und den aphoristischen Duktus der Sätze – wer kennt nicht Satz »7 Wovon man nicht sprechen kann, darüber muß man schweigen«? Wie die logische Notation, so hat auch der scharfe Aphorismus die Funktion, Sinn oder Unsinn mit einem Schlage deutlich zu machen (vgl. Erbacher 2015a). Die formale Gestaltung der Schriften Wittgensteins zeugt davon, dass die Aufgabe des Philosophen – nämlich das Zeigen von Sinn und Unsinn – durch die Gestaltung sprachlicher Mittel bewältigt werden muß.

Wer sinnklärende Mittel entwickeln möchte, braucht allerdings eine Vorstellung darüber, worin die Bedeutung von Wörtern und der Sinn von Sätzen bestehen – und diesem Umstand verdanken wir, dass es nicht nur den *Tractatus*, sondern auch eine spätere Philosophie Wittgensteins gibt. Wittgenstein meinte zunächst, dass der *Tractatus* die philosophischen Probleme im Wesentlichen gelöst hätte. Jedoch musste er später einsehen, dass seine Mittel der logischen Analyse eine falsche oder vielmehr unvollständige Vorstellung über die Funktion der Sprache voraussetzten. Der *Tractatus* (Satz 4.5) postulierte: »Die allgemeine Form des Satzes ist: Es verhält sich so und so.« Sätze wurden dementsprechend als Bilder der Wirklichkeit vorgestellt, die mit logischen

Verknüpfungen zu komplexen Sätzen verbunden werden können. Die logische Analyse sollte umgekehrt aufschlüsseln, welche elementaren Bilder mit welchen logischen Operationen in einem komplexen Satz verknüpft sind. Nun musste Wittgenstein aber später einsehen, dass seine Forderung nach elementaren Bildern nicht durchzuhalten war; und damit wurde auch jener Einsicht eine Tür geöffnet, dass der Sinn von Sätzen nicht nur in der Abbildung der Wirklichkeit besteht, sondern Sätze viele verschiedene Funktionen übernehmen können, je nachdem in welchem sprachlichen Zusammenhang, von wem und in welcher Situation sie geäußert werden. So heißt es noch zu Beginn der *Philosophischen Untersuchungen*, denen Wittgenstein im Druck eigentlich seinen gesamten *Tractatus* voranstellen wollte:

> In diesen Worten erhalten wir, so scheint es mir, ein bestimmtes Bild vom Wesen der menschlichen Sprache. Nämlich dieses: Die Wörter der Sprache benennen Gegenstände – Sätze sind Verbindungen von solchen Benennungen. – – In diesem Bild von der Sprache finden wir die Wurzel der Idee: Jedes Wort hat eine Bedeutung. Diese Bedeutung ist dem Wort zugeordnet. Sie ist der Gegenstand, für welchen das Wort steht.
> [...]
> Und das muß man in so manchen Fällen sagen, wo sich die Frage erhebt: »Ist diese Darstellung brauchbar, oder unbrauchbar?« Die Antwort ist dann: »Ja, brauchbar; aber nur für dieses eng umschriebene Gebiet, nicht für das Ganze, das Du darzustellen vorgabst.«
> (Wittgenstein 2001 §1; §3)

Wittgenstein musste einsehen, dass sein *Tractatus* nur vermeintlich die Logik der gesamten Sprache erfasst hatte. Demgegenüber stellte er nun die nicht zählbare Fülle von Sprachspielen im tatsächlichen Lebenszusammenhang:

> Führe dir die Mannigfaltigkeit der Sprachspiele an diesen Beispielen, und andern, vor Augen:
>   Befehlen, und nach Befehlen handeln –
>   Beschreiben eines Gegenstands nach dem Ansehen, oder nach Messungen –
>   Herstellen eines Gegenstands nach einer Beschreibung (Zeichnung) –
>   Berichten eines Hergangs –
>   Über den Hergang eine Vermutung anstellen –
>   Eine Hypothese aufstellen und prüfen –
>   Darstellen der Ergebnisse eines Experiments durch Tabellen und Diagramme –
>   Eine Geschichte erfinden; und lesen –
>   Theater spielen –
>   Reigen singen –
>   Rätsel raten –
>   Einen Witz machen; erzählen –
>   Ein angewandtes Rechenexempel lösen –
>   Aus einer Sprache in die andere übersetzen –
>   Bitten, Danken, Fluchen Grüßen, Beten.

– Es ist interessant, die Mannigfaltigkeit der Werkzeuge der Sprache und ihrer Ver-
wendungsweisen, die Mannigfaltigkeit der Wort- und Satzarten, mit dem zu verglei-
chen, was die Logiker über den Bau der Sprache gesagt haben. (Und auch der Verfasser
der Logisch-Philosophischen Abhandlung.)
(Wittgenstein 2001, § 23)

Diesen Einsichten in die Mannigfaltigkeit der Sprachverwendungen musste
Wittgenstein bei der Gestaltung seiner sinnklärenden Mittel Rechnung tragen.
Der Sprachgestalter musste zurück in seine philosophische Werkstatt.

3. Wittgensteins Nachlass und das Medien-Problem des Philosophierens

Wittgenstein nahm 1929 sein philosophisches Schreiben wieder auf und arbei-
tete nahezu ununterbrochen bis zu seinem Tod im Jahre 1951 an einem zweiten
Buch. Dabei schuf er nicht weniger als 20.000 Seiten philosophische Schriften.
Jedoch sollte der *Tractatus* das einzige Buch bleiben, das Wittgenstein zu Leb-
zeiten veröffentlichte. Zu verschiedenen Zeitpunkten traf er Vorbereitungen für
die Publikation eines zweiten Buches bei Cambridge University Press; letztlich
erteilte er aber niemals ein *imprimatur*. Stattdessen verfügte er in seinem Testament, dass drei seiner ehemaligen Studenten, die zu guten Freunden geworden
waren, von seinen unveröffentlichten Schriften publizieren sollten, was sie für
veröffentlichungswürdig hielten. Die drei literarischen Erben – in der Reihenfolge wie sie in Wittgensteins Testament genannt werden: Rush Rhees, Elizabeth
Anscombe und Georg Henrik von Wright – begannen unverzüglich mit ihrer
Aufgabe. Bereits zwei Jahre nach Wittgensteins Tod erschien der am weitesten
entwickelte Buch-Entwurf *Philosophische Untersuchungen*. In den folgenden
Jahrzehnten edierten Rhees, Anscombe und von Wright weitere Bücher aus
Wittgensteins Nachlass, die heute als Wittgensteins Werke bekannt sind.

Der Einfluss der späteren Philosophie Wittgensteins auf zahlreiche wissenschaftliche Disziplinen und künstlerische Felder beruht mithin auf den Darstellungen, die die literarischen Erben aus den nachgelassenen Schriften hergestellt haben. Man kann sagen, dass Rhees, Anscombe und von Wright mit
ihren Editionen die Wahrnehmung der späteren Philosophie Wittgensteins gestaltet haben. Dabei waren sie sich jedoch keineswegs immer einig. Das vom
Norwegischen Forschungsrat geförderte Projekt *Shaping a domain of knowledge
by editorial processing: the case of Wittgenstein's work* (NFR 213080) erlaubte es
nun erstmals, umfangreiche Archivbestände der drei Wittgenstein-Herausgeber
in Helsinki, Swansea, Cambridge und Bergen zu sichten und auszuwerten. Die
Erkenntnisse dieses Forschungsprojektes zeigen, wie die verschiedenen Bilder

von Wittgensteins Philosophieren zustande kamen, die Rhees, Anscombe und
von Wright gestaltet haben. Im nächsten Abschnitt sollen die vorläufigen Ergebnisse dieser Untersuchungen skizziert werden. Dazu ist es jedoch notwendig,
noch einmal kurz auf die besondere Schwierigkeit zurückzukommen, mit der
Wittgenstein bei der Entwicklung neuer philosophischer Darstellungsmittel
konfrontiert war.

Neben der Überzeugung, dass die Aufgabe des Philosophen in der Gestaltung
sprachlicher Mittel zur Klärung des Sinnes von Sätzen besteht, ist ein durch-
gängiger Grundzug in Wittgensteins Denken eine operative Auffassung des
Philosophierens. Das bedeutet, dass Wittgenstein die Philosophie niemals als ein
fest stehendes Theorie-Gebäude betrachtete, sondern sie stets als eine Praxis
verstand. Das galt schon für die logische Analyse des *Tractatus:* Sie war ein
Werkzeug für die Tätigkeit des Klärens von Sinn. Je mehr sich Wittgensteins
Verständnis sprachlichen Sinns aber von der Vorstellung einer Abbildung ent-
fernte und je mehr er die Fixierung von Sinn zugunsten eines situationsab-
hängigen Gebrauchs aufgab, desto prominenter wurde auch die Operativität des
Philosophierens. Wenn der Sinn eines Satzes nicht allein durch logische Zer-
gliederung zu klären ist, sondern immer die konkrete Handlungssituation einbezogen werden muss, so hat dies weitreichende Folgen für ein Philosophieren,
das seine Aufgabe im Klären von Sinn sieht. Denn auch der Philosoph kann dann
letztlich nur konkrete Verwirrungen konkreter Denker in konkreten Situationen
klären.

Das natürliche Medium dieses klärenden Philosophierens ist das lebendige
Gespräch über eine konkrete Frage. So verstand Wittgenstein seine Seminare in
Cambridge auch als Sitzungen, in denen philosophisches Klären praktiziert
wird. Es wurden dabei nicht Theorien doziert, sondern Wittgenstein führte mit
den Anwesenden Untersuchungen durch, die er mit dem Spielen eines Instru-
ments oder mit Fingerübungen zur Vorbereitung dieses Spieles verglich.
Gleichwohl hat Wittgenstein aber auch stets an einer Verschriftlichung seines
Denkens gearbeitet. Hier stand er nun aber vor dem Problem: Wie soll ein
Philosophieren schriftlich fixiert werden, das eigentlich darauf abzielt, für den
flexiblen Gebrauch der Sprache im lebendigen Fluss des Lebens zu sensibilisieren?

Dieses »Medien-Problem des Philosophierens« (Erbacher 2015a) ist keineswegs neu. Seit Platons Darstellungen der sokratischen Dialoge und seiner
Schriftkritik (im 7. Brief) ist es philosophisch aktuell. Verschiedene Philosophen
haben zu verschiedenen Zeiten literarische Darstellungsformen entworfen, um
dem Medien-Problem des Philosophierens zu begegnen (vgl. Gabriel/Schild-
knecht 1990). Wittgenstein kann in diese Tradition eingereiht werden: er versuchte, sein Philosophieren durch literarische Gestaltung zu vergegenwärtigen
(vgl. Gabriel 2013). Dies führte – wie wir dank der Arbeit der literarischen Erben

Wittgensteins heute wissen – zu verschiedenen Entwürfen der schriftlichen Werkgestaltung, zu denen Formate wie Wörterbücher, Fallunterscheidungen, Lehrtexte und Dialoge zählen. Als reifste Entwicklungsstufe muss man wohl das »Album« ansehen, wie Wittgenstein die *Philosophischen Untersuchungen* bezeichnete und welches aus »Bemerkungen« besteht. In diesem Album werden zum Beispiel stellenweise nicht mehr dialogische Interaktionen vollständig dargestellt, sondern manchmal nur Teil-Dialoge, die vom denkenden Leser als Gesprächspartner beantwortet werden müssen und so den Gebrauch des Buches als Bestandteil des eigenen dialogischen Philosophierens einfordern. Wenngleich die Forschung begonnen hat, die philosophische Bedeutung solcher formalen Aspekte in Wittgensteins Schriften aufzuzeigen (vgl. Pichler 2004), steht eine vollständige Erfassung der von Wittgenstein gestalteten Formen des Klärens noch aus.

4. Die Gestaltung Wittgensteins durch seine Nachlassverwalter

Doch zurück zur Gestaltung Wittgensteins durch seine Nachlassverwalter! – Da die Darstellungsform also unmittelbar mit der Methode und dem philosophischen Gehalt in Wittgensteins Schriften zusammenhängt, spielen editorische Eingriffe natürlich eine besondere Rolle. Tatsächlich bestand die wissenschaftliche Auseinandersetzung mit den Editionen der literarischen Erben Wittgensteins vor allem in einer Kritik der editorischen Maßnahmen, die sich auf Abweichungen der gedruckten Bücher von den Manuskripten konzentrierte. Im Gegensatz zu dieser editionsphilologischen Textkritik hat das Forschungsprojekt *Shaping a domain of knowledge by editorial processing* durch die Auswertung der Archive der Editoren einen neuen Blickwinkel auf die Wittgenstein-Ausgaben eröffnet. Demnach geht es bei der wissenschaftlichen Behandlung der posthum publizierten Schriften Wittgensteins nicht nur um eine eng umschriebene editionsphilologische Fragestellung, sondern um das Erfassen einer Editionspraxis, die als Bestandteil einer intellektuellen Tradition in einen philosophischen und soziohistorischen Kontext eingebunden ist (vgl. Erbacher 2015b). Anders ausgedrückt: die drei literarischen Erben wollten nicht Wittgensteins Manuskripte in Buchseiten abbilden, sondern durch ihre editorische Gestaltung dem Mann, den sie kennen und schätzen gelernt hatten, seiner Philosophie und seinen Publikationswünschen gerecht werden.

Geleitet von dieser Einsicht konnte das genannte Forschungsprojekt beginnen, die verschiedenen Motivgründe der drei Nachlassverwalter nachzuzeichnen. Dabei zeigte sich, dass die Editionen in der jeweils besonderen Art der Bekanntschaft der Editoren mit Wittgenstein begründet lagen und vom Verständnis seiner Philosophie beeinflusst wurden. Hier soll kurz deutlich gemacht werden, dass alle drei literarischen Erben in ihrem Umgang mit Wittgensteins Nachlass dessen operative Auffassung des Philosophierens betonten, wenngleich sich dies individuell verschieden ausprägte.

Anscombe ist von den drei Nachlassverwaltern vielleicht am besten als »analytische Philosophin« bekannt. Dieses Schlagwort bezeichnet manchmal eine philosophische Haltung, die sich vornehmlich um die Wahrheit (oder den Sinn) philosophischer Sätze und die Gültigkeit philosophischer Argumente kümmert, und zwar weitgehend unabhängig von dem historischen Kontext, aus dem diese Sätze und Argumente hervorgingen. Mit einer so verstandenen analytischen Haltung kann man durchaus auch Anscombes Umgang mit Wittgenstein – wenn auch nur sehr holzschnittartig – beschreiben. Sie kam mit originären philosophischen Fragen zu Wittgenstein und lernte in der argumentativen Auseinandersetzung mit ihm, diese zu klären (vgl. Erbacher 2015c). Es kam dabei darauf an, richtige Wege aus philosophischen Problemen zu finden und irreführende Auffassungen zu identifizieren, auch wenn diese von großen Philosophen der Vergangenheit oder von Wittgenstein geäußert wurden. Anscombe lernte von Wittgenstein eine philosophische Kunst, die sie für die Klärung ihrer eigenen Fragen und die ihrer Studierenden anwenden wollte. Dieser philosophischen Überzeugung entspricht auch ihre Art der Nachlass-Edierung. Mehr als die anderen beiden war Anscombe geneigt, die *Philosophischen Untersuchungen* als kanonisches Werk neben den *Tractatus* zu stellen und von da aus weiter zu philosophieren. Des Weiteren stellte sie aus den Manuskripten Bemerkungen zusammen, die sich mit einem Thema beschäftigten, etwa *Bemerkungen über die Farben* (1977).

Durch Anscombes Art der Herausgeberschaft wurde das Bild Wittgensteins als Pionier der modernen analytischen Philosophie gepflegt. Daran zeigt sich aber auch ihre Interpretation der Operativität des Philosophierens: Philosophieren war für sie sicherlich eine Tätigkeit ebenso wie für Wittgenstein, aber sie hatte nicht den Anspruch, den lebendigen Prozess des Philosophierens im Schriftlichen zu vergegenwärtigen. Die Operativität des Philosophierens wird bei ihr vorausgesetzt und zeigt sich darin, wie man mit den schriftlichen Texten umgeht. Diese bedürfen dazu keiner besonderen Darstellungsform. Sie können – wie einzelne Äußerungen in einem Gespräch – ganz monologisch abgefasst sein. Diese Umgangsweise erlaubt es, sich im Gebrauch des Textes ganz auf das besprochene Argument zu fokussieren. Das Medien-Problem des Philosophierens wird hier also nicht im Text, sondern im Gebrauch des Textes aufgelöst.

Rhees dagegen war besonders sensibel für Wittgensteins literarische Lösungen des Medien-Problems des Philosophierens. Er kannte Wittgenstein von den drei literarischen Erben am längsten und hatte mit ihm über eineinhalb Jahrzehnte hinweg Fragen der Publikation besprochen. Er hatte die Entwicklung der Darstellungsentwürfe für die *Philosophischen Untersuchungen* von Beginn an miterlebt und mit Wittgenstein diskutiert. Dementsprechend wollte Rhees in seinen Editionen Wittgensteins Stimme vernehmbar machen, und zwar so, wie er sie vernommen hatte. Daher lautete die Maßgabe seiner Editionspraxis, nur das zu veröffentlichen, was Wittgenstein selbst veröffentlicht hätte: Mit den von ihm herausgegebenen Büchern wollte Rhees Wittgensteins Absichten ausführen, also Bücher herstellen, die so gestaltet waren, wie sie Wittgenstein selbst vermutlich gestaltet hätte.

Dieser editorische Anspruch Rhees' führt allerdings zu einem Medien-Problem auf zweiter Stufe: um die unvollendeten Werkgestaltungen zu edieren, musste Rhees diese aus einem inneren Verständnis heraus vollenden. Der Herausgeber trat so zwischen Autor und Leser; und die Edition war eine Darstellung der Resultate eines dialogischen Philosophierens zwischen Herausgeber und zu edierendem Text. Edieren und Philosophieren gingen so bei Rhees ineinander über.

Rhees' Verständnis von Wittgensteins operativer Auffassung des Philosophierens zeigt sich in einem weiteren Charakteristikum seiner Ausgaben: Durch seine Art des philosophierenden Edierens gelang es ihm, Zwischenstufen in Wittgensteins philosophischer Werkentwicklung in Buchform zu bringen. Die Editionen *Philosophische Bemerkungen* (1964) und *Philosophische Grammatik* (1969) ersetzten den Mythos des »frühen vs. späten« Wittgenstein durch die Einsicht in eine Entwicklung, die das Bild eines lebenslangen Ringens um die angemessene Darstellung philosophischer Klärung vermittelt. Durch diese Ausgaben verfestigte sich in der Forschungsliteratur schließlich auch der Ausdruck »mittlerer Wittgenstein«, der eine Brücke zwischen der Philosophie des *Tractatus* und der der *Philosophischen Untersuchungen* schlägt. Dabei trat auch der gegenseitige Einfluss von Wittgenstein und der philosophischen Bewegung des Wiener Kreises zu Tage (vgl. Wittgenstein 1967).

Man mag meinen, dass mit Rhees' und Anscombes editorischen Antworten auf das Medien-Problem des Philosophierens zwei Prototypen antithetisch nebeneinander stünden. Tatsächlich entwickelte aber der dritte Herausgeber von Wittgensteins Nachlass eine dritte Art der Entsprechung auf das Medien-Problem des Philosophierens. Von Wright war wohl mit Rhees einig, dass man ein richtiges Bild von Wittgenstein als sprechende Person haben müsse, um seine philosophischen Bemerkungen richtig zu lesen. Jedoch hielt er es als Herausgeber für falsch, diese Stimme innerhalb der Editionen zu rekonstruieren. Er plädierte zunehmend dafür, Wittgensteins Schriften möglichst unverändert abzudrucken. Anders als für Anscombe, die sich zum Beispiel gegen die gleichzeitige Veröffentlichung von Notizen Wittgensteins und Vorlesungsmitschriften aussprach, bezog sich das für von Wright jedoch nicht nur auf den weitgehend autorisierten Text, sondern auf Wittgensteins gesamtes Œuvre. Für von Wright war die Einsicht in die Entstehung der Texte ein wesentlicher Zugang beim Verständnis von Wittgensteins Hauptwerken. Dazu zählte nicht nur die Darstellung der Entwicklungsstufen innerhalb des Werkes, sondern gerade auch die Darstellung des historischen Kontexts. Durch eine Lebensbeschreibung und die Erforschung der Entstehungsgeschichten von Wittgensteins Werken (auf Deutsch zusammengeführt in Wright 1986) sowie durch Brief-Ausgaben (Wittgenstein 1974) machte von Wright die Gesprächskontexte sichtbar, in denen Wittgensteins Werke entstanden.

Editorisch kam von Wright so nicht zuletzt zur Veröffentlichung der *Vermischten Bemerkungen* (1977). Diese gehörten nicht zu Wittgensteins philosophischen Schriften, sondern sollten ein Bild des Mannes als geistige Erscheinung in seiner Zeit vermitteln: Sie zeigten Wittgenstein, wie von Wright ihn in Gesprächen über Kultur und Kunst erlebt hatte. Denn Wittgenstein und von Wright verbanden weniger philosophische Gemeinsamkeiten als vielmehr der gemeinsame kulturelle Hintergrund des Großbürgertums eines untergehenden Kontinentaleuropas (vgl. Erbacher 2015d). So betonte von Wright die Operativität von Wittgensteins Philosophieren, indem man ihm zufolge den Mann Wittgenstein in seinem kulturellen Gesprächskontext erkennen müsse, um dessen Philosophie richtig zu verstehen.

Die Operativität des Philosophierens und das damit zusammenhängende Medien-Problem philosophischer Verschriftlichung sind gute Beispiele dafür, wie Wittgensteins Nachlassverwalter aus ähnlichen Prämissen unterschiedliche Editionsmaximen ableiteten (die der anderen dabei aber immer schätzten). Man könnte pointiert sagen, dass Anscombe einen »analytischen« Zugang vertrat, in dem nur die Argumente des autorisierten Textes in einer aktuellen Diskussion zu besprechen waren, Rhees dagegen einen »genetischen« Zugang, nach dem aus einem internen Verständnis heraus eine philosophische Entwicklung gezeigt werden sollte, und von Wright dagegen einen »historischen« Zugang, in dem der Gedanke über das kontext-sensible Nachvollziehen seines Werdens aufgeschlossen werden kann. Alle drei Herangehensweisen betonen wichtige Aspekte und liefern wertvolle Einsichten in das Werk Wittgensteins. Es ist daher ein glücklicher Umstand, dass der heutige Leser anders als die damaligen Herausgeber nicht zwischen diesen Editionsarten entscheiden muss. Es ist aber notwendig, die Voraussetzungen und Motive der unterschiedlichen Editionen transparent zu machen, um sie so entsprechend ihrer Bedingungen nutzen zu können. Die weitere Erforschung der Editionsgeschichte von Wittgensteins Nachlass sollte dazu beitragen.

5.   Wie das Gestalten gestalten?

Mit den Ausgaben der drei literarischen Erben endet die Editionsgesichte der Schriften Wittgensteins nicht. Eine zweite Generation von Herausgebern strebte danach, wissenschaftlich-kritische Editionen herzustellen. Mittlerweile gibt es die *Wiener Ausgabe* (Wittgenstein 1994–2000) der »mittleren« Schriften Wittgensteins, eine kritische Edition des *Tractatus* (1989), eine kritisch-genetische Edition der *Philosophischen Untersuchungen* (Wittgenstein 2001) und eine elektronische Gesamtausgabe von Wittgensteins *Nachlass* (*The Bergen Electronic Edition*, Wittgenstein 2000), die bereits ins Internet übertragen wurde. Sie ist unter der Adresse *www.wittgensteinsource.org* frei zugänglich.

Die Fragen der Gestaltung bezogen sich bei den späteren Editionen im Gegensatz zu den Leseausgaben der Nachlassverwalter darauf, wie Wittgensteins Manuskripte und Typoskripte möglichst getreu im Druck oder auf dem Bildschirm dargestellt werden können. Im Gegensatz zu Anscombes, Rhees' und von Wrights Gestaltungen spielten hier also nicht mehr so sehr Aspekte der philosophischen Interpretation, sondern der typographischen und technischen Umsetzung eine prominente Rolle. Während die erste Phase der Editionsgeschichte also durch die Auswirkungen der persönlichen Bekanntschaft zwischen Wittgenstein und seinen Nachlassverwaltern geprägt war, veränderte sich die Editionspraxis in späteren Phasen wesentlich mit neuen akademischen Standards wissenschaftlichen Edierens und dem Aufkommen der digitalen Technologien. Parallel zu den Entwicklungen von Editionswissenschaften und Editionstechnologien veränderte sich auch die Art der Zusammenarbeit zwischen den Herausgebern stark. Während die literarischen Erben ihre Editionen noch per Hand herstellten und miteinander in Briefkontakt standen, sind die Editionsprojekte seit Beginn des digitalen Zeitalters durch internationale und interdisziplinäre Projektgruppen gekennzeichnet. Nicht mehr exklusive Zirkel, sondern multinationale Forschungsprojekte mit Millionenbudgets verwalten nun den Bestand des Nachlasses in Zusammenarbeit mit institutionellen Trägern. Heute wird länder- und fächerübergeifend mit internetbasierter kollaborativer Erschließung und semantic web-Kodierungen des digitalisierten Nachlasses experimentiert (vgl. Falch/Pichler/Erbacher 2013).

Aufbauend auf den Ergebnissen des Forschungsprojektes *Shaping a domain of knowledge by editorial processing* sollen an der Universität Siegen die Zusammenhänge von Editionsziel, Editionstechnologie und Kooperationsweisen in der Geschichte von Wittgensteins Nachlass erforscht werden. Es zeichnet sich dabei ab, dass so ein Beispiel für die im Entstehen begriffenen *Social Studies of Humanities* geschaffen werden könnte. Diese versprechen, analog zu den *Science and Technology Studies* (STS), die Forschungspraktiken in den Geisteswissenschaften sowie die Rolle der Geisteswissenschaften in der Gesellschaft zu erhellen. Eine zentrale Frage kann dabei zum Beispiel lauten, ob und wie mit den neueren Editionsprojekten auch die Tradierung von Wittgensteins Denken verbunden ist und somit das Medien-Problem des Philosophierens in die digitale Zeit überführt wurde. Im Sinne der STS sollte im Anschluss daran geklärt werden, inwiefern die mit den Medienpraktiken der verschiedenen Editionsphasen verbundenen Ausbildungsformate der gesellschaftlichen Verantwortung Rechnung tragen, die mit geisteswissenschaftlicher Forschung verbunden werden muss.

Insgesamt wirft die Erforschung der Geschichte von Wittgensteins Schriften mit diesem Horizont also die Frage der Gestaltung in der Wissenschaft auf mehreren Ebenen auf: Wie kann ein Philosoph seine sinnklärenden Mittel gestalten? Wie soll ein Herausgeber diese Gestaltungen in seinen Editionen gestalten? Wie gestalten soziale und technologische Rahmenbedingungen wiederum diese Editions-Gestaltungen? Und schließlich: Welche Gestalt können wir der Darstellung dieser Gestaltungen sinnvollerweise geben? Die zukünftige Forschung an der Universität Siegen wird in den nächsten Jahren hoffentlich Antworten auf diese Fragen zeigen.

Literatur

Erbacher, Christian (2015a): Formen des Klärens – Literarisch-philosophische Darstellungsmittel in Wittgensteins Schriften. Münster.

Erbacher, Christian (2015b): Editorial Approaches to Wittgenstein's Nachlass: Towards a Historical Appreciation. Philosophical Investigations 38, 3, S. 165–198.

Erbacher, Christian (2015c): Wittgenstein and his literary executors. Rush Rhees, Georg Henrik von Wright and Elizabeth Anscombe as students, colleagues and friends of Ludwig Wittgenstein. Journal for the History of Analytical Philosophy (im Erscheinen).

Erbacher, Christian (2015d): Editionspraxis, Philosophie und Zeitkritik: die Geschichte von Wittgensteins Vermischten Bemerkungen. Wittgenstein-Studien 6, S. 211–236.

Falch, Rune/Erbacher, Christian/Pichler, Alois (2013): Some observations on developments towards the semenatic Web for Wittgenstein Scholarship. In: Moyal-Sharrock, Danièle/ Munz, Volker A./Coliva, Annalisa (Hrsg.), Mind, Language, Action (= Papers of the 36. International Wittgenstein Symposium), Kirchberg am Wechsel, S. 119–121, abrufbar unter: http://dm2e.eu/files/Falch-Erbacher-Pichler-Kirchberg-paper-2013.pdf.

Frege, Gottlob (1893): Grundgesetze der Arithmetik. Jena.

Gabriel, Gottfried (2013): Literarische Formen der Vergegenwärtigung in der Philosophie. In: Erler, Michael/Heßler, Jan Erik (Hrsg.), Argument und literarische Form in antiker Philosophie, Akten des 3. Kongresses der Gesellschaft für antike Philosophie vom 28. September bis 01. Oktober 2010 in Würzburg. Berlin, S. 13–32.

Gabriel, Gottfried/Schildknecht, Christiane (Hrsg.) (1990): Literarische Formen der Philosophie. Stuttgart.

McGuinness, Brian (1988): Wittgensteins frühe Jahre. Frankfurt am Main.

Pichler, Alois (2004): Wittgensteins Philosophische Untersuchungen – Vom Buch zum Album. Amsterdam.

Russell, Bertrand (1903): Principles of Mathematics. Cambridge.

Wittgenstein, Ludwig (1922): Tractatus logico-philosophicus. London.

Wittgenstein, Ludwig (1953): Philosophical Investigations, hrsg. v. E. Anscombe & R. Rhees. Oxford.

Wittgenstein, Ludwig (1964): Philosophische Bemerkungen, hrsg. v. R. Rhees. Frankfurt am Main und Oxford.

Wittgenstein, Ludwig (1967): Wittgenstein und der Wiener Kreis, hrsg. v. B. F. McGuinness. Frankfurt am Main.

Wittgenstein, Ludwig (1969): Philosophische Grammatik, hrsg. v. R. Rhees. Frankfurt am Main – Oxford.

Wittgenstein, Ludwig (1974): Letters to Russell, Keynes and Moore, hrsg. mit einer Einleitung v. G. H. v. Wright unter Mitarbeit von B. F. McGuinness. Oxford.

Wittgenstein, Ludwig (1977): Remarks on Colour/Bemerkungen über die Farben, hrsg. v. E. Anscombe, Oxofrd.

Wittgenstein, Ludwig (1977): Vermischte Bemerkungen, hrsg. v. G. H. v. Wright unter Mitarbeit von H. Nyman. Frankfurt am Main.

Wittgenstein, Ludwig (1989): Tractatus logico-philosophicus, Kritische Edition, hrsg. v. B. F. McGuinness und J. Schulte. Frankfurt am Main.

Wittgenstein, Ludwig (1994–2000): Wiener Ausgabe, Bände 1–5, hrsg. v. M. Nedo. Heidelberg – New York.

Wittgenstein, Ludwig (2000): Wittgensteins Nachlass – Bergen electronic edition, hrsg. v. The Wittgenstein Archives at the University of Bergen. Oxford.

Wittgenstein, Ludwig (2001): Philosophische Untersuchungen, Kritisch-genetische Edition, hrsg. v. J. Schulte in Zusammenarbeit mit H. Nyman, E. v. Savigny und G. H. v. Wright. Frankfurt am Main.

Wright, Georg Henrik von (1986): Wittgenstein. Frankfurt am Main.

Petra Lohmann

Architekturphilosophische Beiträge zu Fragen der Gestalt. Karl Friedrich Schinkels Fichte-Rezeption und ihre Bezüge zu neueren Theorien des Gestaltbegriffs

I.

In der Architektur und in der Philosophie ist der Begriff der Gestalt jeweils ein grundständiger Begriff mit einer langen Tradition und einer großen inhaltlichen Bandbreite. In der Philosophie, der Ästhetik und der Architektur gibt es viele »unterschiedliche« Ausprägungen des Gestaltbegriffs: »z. B. Kunstrichterei, interesseloses Wohlgefallen, sinnvolle Betrachtung. Je nachdem der Begriff des ästhetischen Bewußtseins, auf den bezogen der Begriff Gestalt gebraucht wird, ist er verschiedenen bestimmt; so als die nach kanonischen Kunstregeln eingerichtete äußere G[estalt] (Einkleidung) eines Gedanken, als reine und freie (ohne bestimmten Begriff wahrgenommene) G[estalt], als sinnfälliger Ausdruck einer Idee« (Metzger 1974, S. 539; vgl. auch Buchwald 2001, S. 820) und als Objekt mit bestimmten Gestalteigenschaften (vgl. Meisenheimer 1983/84). Die Bestimmung der Gestalt als sinnfälliger Ausdruck einer Idee steht im Mittelpunkt dieses Beitrags. Sie wird im spekulativen Kontext der Bedeutung von Architektur als Medium der Kultivierung relevant. In dieser Bedeutung ist der Gestaltbegriff in der Architekturphilosophie »zuerst expliziert in der deutschen Klassik« (Stadler 2010, S. 892) hervorgetreten. Das geschieht in einer Zeit, in der für Peter Burke dem Wissenschaftsbegriff des ästhetischen Diskurses um 1800 zufolge Kunst und damit auch Architektur erstmals als Formen des Wissens anerkannt wurden (Burke 2008, S. 29; ferner Forssman 1999; Wegner 2000). In diesem Kontext erweist sich die Gestalt der Architektur als Träger von Ideen und ineins als Werkzeug für deren Vermittlung.

Im Folgenden wird mit der Fichte-Rezeption Karl Friedrich Schinkels ein Beispiel aus dem, wie unter anderem Jens Bisky gezeigt hat, höchst ergiebigem Diskurs der Zeit um 1800 aufgegriffen (vgl. Bisky 2000, Einleitung), das viele Anknüpfungspunkte für den Ausblick auf die Anverwandlung traditioneller Gestaltbestimmung im gegenwärtigen Diskurs der Architektur bietet. Bei beiden handelt es sich um äußerst wirkungsmächtige Persönlichkeiten ihrer Zeit, deren Handlungsmotive im Ereignis der napoleonischen Besatzung Preußens und den damit einhergehenden Befreiungskriegen zusammenlaufen (vgl. Nipperdey 1976; Brix/Steinhauer 1978; Wittmann 1983; Guratzsch 2000; Dorgerloh/Niedermeier/Bredekamp 2007; Planert 2007; Saure 2010). Der Architekt Karl Friedrich Schinkel (1781–1841) gilt nach Barry Bergdoll als »berühmtester Baumeister Preußens« (Bergdoll 1994) und die Lehre des Philosophen Johann Gottlieb Fichte (1762–1814) war laut Reinhard Lauth (1980; 1993) das gesellschaftliche Ereignis der Zeit. Die aus dem Verhältnis zwischen dem Architekten und dem Philosophen ableitbaren Leitgedanken der Bestimmung des Gestaltbegriffs in diesem Kontext sind: die Auffassung von der Gestalt als anschaubare Offenbarung der Idee sowie das Verständnis von Gestaltwahrnehmung als ästhetisches Wiedererkennen seiner Selbst und die Einsicht, dass die Gestaltwahrnehmung des Rezipienten nicht frontal-statisch und monologisch, sondern genetisch-dynamisch und dialogisch ist. Das heißt für das Verständnis der Fichte-Rezeption Karl Friedrich Schinkels, dass für ihn die Gestalt niemals etwas ausschließlich äußerlich Anschaubares ist, dem der Rezipient notwendig so und nicht anders zu folgen hat, sondern dass sie zugleich eine Aufforderung an ihn enthält, sich im Anschauen auf die ihr innewohnende Idee einzulassen und diese im selbstkritischen Austausch mit ihr nachzuerleben. Ein solches prozesshaftes Verständnis von Gestalt impliziert Erkenntnis im Modus eines denkanschaulichen Vorstellens (vgl. Siebeck 1902, S. 31), das auf eine selbsttätige Aneignung und Deutung der Idee der Gestalt setzt (vgl. zur Tradition dieser Erkenntnismethode Platon: Philebos 38e–39c). Genau das beabsichtigt Karl Friedrich Schinkel im Sinne des Freiheitsbegriffs Johann Gottlieb Fichtes, wenn er dessen gesellschaftsphilosophischem Entwicklungsmodell des Menschen zum seligen Leben eine ästhetische Gestalt gibt (vgl. zu Johann Gottlieb Fichtes Begriff der Freiheit im Kontext der Bildung des Menschen Funke 1983; Girndt 1987).

Die Darstellung des solchermaßen geprägten Bezugs Karl Friedrich Schinkels auf Johann Gottlieb Fichte gliedert sich in drei Abschnitte. Eingangs wird der Bezugsrahmen skizziert, in dem der Begriff der Gestalt bei beiden vorkommt. Anschließend werden Johann Gottlieb Fichtes gesellschaftsphilosophischer Entwurf und die Rolle der Kunst darin dargestellt. Darauf aufbauend wird gezeigt, wie Karl Friedrich Schinkel Johann Gottlieb Fichtes Theorie eine Gestalt gibt, und dass es sich dabei keinesfalls um ein bedingungsloses Übernehmen der Gedanken des Philosophen handelt, sondern dass der Architekt vielmehr eigenständig eine andere Rangordnung von gegenständlicher Gestalt der Idee und immateriellem Begriff der Idee aufstellt. Abschließend wird unter Berücksichtigung ausgewählter Architekten und Philosophen des 20. und 21. Jahrhunderts angedeutet, dass und wie sich mit den Karl Friedrich Schinkel und Johann Gottlieb Fichte entlehnbaren Aspekten der Gestalt die da sind »Komposition«, »Anschauung und Wirkung«, »Gestaltqualitäten«, Gehalt und Zeichen sowie soziokulturelle Aspekte, ideelle Tendenzen des traditionellen Gestaltbegriffs unter veränderten Vorzeichen in der Gegenwart wiederfinden lassen (vgl. Schneider 1974, S. 13ff., 68ff., 103ff., 131ff. und 149ff.).

II.

Der Begriff der Gestalt kommt bei Karl Friedrich Schinkel und Johann Gottlieb Fichte sowohl im theoretischen als auch im ästhetisch-praktischen Bereich vor. Die Ausführungen zum Gestaltbegriff beginnen mit einer Skizze der wichtigsten Bestimmungsstücke von Johann Gottlieb Fichtes gesellschaftsphilosophischem Modell, um auf dieser Grundlage Karl Friedrich Schinkels Motive seiner Fichte-Rezeption angeben zu können.

II.1

Johann Gottlieb Fichtes Diktum lautet: »Nichts hat unbedingten Wert und Bedeutung als das Leben; alles übrige Denken, Dichten, Wissen hat nur Wert, insofern es auf irgendeine Weise sich auf das Lebendige bezieht, von ihm ausgeht, und in dasselbe zurückzulaufen beabsichtigt« (FW II,333f.). Er entwickelt dafür in seinen verschiedenen genetisch-spekulativen Formen der Wissenschaftslehre (1794ff.) und in deren praktisch-populärphilosophischen Teildisziplinen eine Theorie der Kultivierung des Menschen, in der die Gestalt – er sagt nicht Gestalt, sondern Bild (vgl. Drechsler 1955) – ausdrücklich ein sinnlich-reales Medium der Erziehung ist, an dem die Idee der Theorie erscheint und durch dessen ästhetische Rezeption sich diese Idee anverwandeln lässt. Relevant sind dafür hauptsächlich die »Grundzüge des gegenwärtigen Zeitalters« (1806) und die »Reden an die deutsche Nation« (1808). Sie zeugen von Fichtes unbedingten Willen, mit seinen philosophischen Ideen wirken zu wollen, und von seinem Suchen nach einem entsprechenden Medium dafür, das ohne spezifische Kenntnisse einer gelehrten Bildung allgemein verständlich ist. Dem Bildbegriff kommt bei ihm dabei von Anfang an eine wesentliche Rolle zu, denn mit Bildern lassen sich Zukunftsvisionen entwerfen. Anvisiert ist ein »gewisse[r] Zustand der Dinge, der in der Wirklichkeit nicht vorhanden ist«. Dies »sezt voraus ein Bild dieses Zustandes, das vor dem wirklichen Seyn desselben [...] dem Geiste vorschwebt, und jenes zur Ausführung treibende Wohlgefallen auf sich ziehet« (GA I,10,120). Es handelt sich also um Bilder, die die Realität nicht nach-, sondern vorbilden (vgl. Hogrebe 2006, S. 130). Für die Übersetzung dieser Bilder, beziehungsweise Ideen in die Wirklichkeit bedarf es nach für Fichte des bildhaften Mediums der Kunst, die ihrerseits eine sinnliche Anschauung der Idee im unmittelbaren Leben bietet. Deshalb ist »die Geistesthätigkeit« des Menschen

»zum Entwerfen von Bildern anzuregen« und man hat ihn »nur an diesem freien Bilden [...] lernen zu lassen« (GA I,10,120) (vgl. Lassahn 1970).

Dieser Auffassung von Bild beziehungsweise Gestalt als Medium der Bildung entspricht Karl Friedrich Schinkels Rede von der Architektur als »Symbol des Lebens« (Mackowsky 1922, S. 192) (vgl. Cassirer 1923). Das lässt sich an seiner ästhetischen Anverwandlung der Fichteschen Zeitalterlehre gleich zweifach in seinen Architekturphantasien zur »Allegorie auf die Freiheitskriege« (um 1814) und zum »Historisch-tektonischen Monument auf die Freiheitskriege« (um 1814) sowie an seinen theoretischen Fragmenten »Romantischer Textentwurf für das [architektonische] Lehrbuch« (um 1810–1815) und an seinem »Versuch über das Glückselige Lebens eines Baumeisters« (um 1810–1815) zeigen. Diese Werke zeugen davon, dass er ein sehr guter Kenner der Fichteschen Philosophie war und dass er mit ihm die Grundüberzeugung von der Vollendung des menschlichen Seins in der Vorstellung von der absoluten Freiheit als freiwillige Unterwerfung des Menschen unter das Sittengesetz teilte. Dennoch konnte es ihm nicht verborgen bleiben, dass für Johann Gottlieb Fichte – wie Friedrich Schiller (1759–1805) es ausdrückte –, die »Kunst für nichts weiter als [Mittel zur] Darstellung des vernünftigen und sittlichen Lebens« (GA I,8,165) dient und nicht dieses Leben selbst ist. Der Problemhorizont des Fichteschen Erziehungsmodells besteht vielmehr in dem Nachweis der Bedingungen, unter denen mittels des Bildes »der Endzweck« der Entwicklung des Menschen, d.i. das selige Leben (vgl. GA I,9,145f.; Hirsch 1926; Janke 1993), »angeschaut werde« (GA II,12,128), dessen höchster Explikationsgrad allerdings der Begriff ist. Vor dem Hintergrund seines Künstlerwettstreits mit seinem Dichterfreund Clemens Brentano (1778–1842) (vgl. Verwiebe 2008) – in dem dieser behauptete, er könne »aus dem Stehgreif eine Geschichte erfinden«, die »so kompliziert« ist, dass Karl Friedrich Schinkel »nicht imstande sein werde, sie zeitgleich auf Papier zu bannen« (Zajon 2008) – setzt er sich über Johann Gottlieb Fichtes Unterordnung des Bildes unter den Begriff hinweg und stellt – ganz im Sinne des neuen Selbstverständnisses der Kunst als eine Form des Wissens – das Bild über den Begriff und macht aus der Sicht des Künstlers deutlich, welche Möglichkeiten und Grenzen dem philosophischen Begriff bei der Kultivierung des Menschen zum seligen Leben zukommen und welcher Vorteil das Bild für diese Aufgabe hat.

II.2

In Johann Gottlieb Fichtes geschichtsphilosophischem Entwurf hängt das Handeln des Individuums in der Zeit mit dem Fortschreiten des »Leben[s] der Gattung« (GA I,8,307) eng zusammen. Ihr gemeinsames Ziel besteht darin, das

»Erdenleben der Menschheit« (GA I,8,197) so zu bilden, dass sich qua Recht, Staat, Religion, Wissenschaft und Kunst »alle ihre Verhältnisse mit Freiheit nach der Vernunft einrichte[n]« (GA I,8,198). In den »Grundzügen des gegenwärtigen Zeitalters« und in den »Reden an die deutsche Nation« stellt Fichte ein entwicklungslogisches Schema dar, für das er fünf sich steigernde ›Grundepochen des Erdenlebens‹ der Menschheit annimmt. Zu Beginn hebt ein Wirken der Vernunft an, das sich als bloß präbewusste, instinktive Kraft äußert. Fichte nennt das den »Stand der Unschuld des Menschengeschlechts«. Am Ende steht das regulative Ideal einer menschlichen Gemeinschaft, deren Mitglieder freiwillig ihr Handeln unter das Sittengesetz stellen. Diesen Stand bezeichnet Fichte als den »Stand der vollendeten Rechtfertigung und Heiligung«. Diesem Stand entspricht das selige Leben. Dazwischen liegen die Stände »der anhebenden Sünde«, »der vollendeten Sündhaftigkeit« und »der anhebenden Rechtfertigung« (GA I,8,201).

Der Stand der vollendeten Sünde (vgl. GA I,8,208) spiegelt für Fichte den Charakter seiner eigenen Zeit. Die bloß naturhaft wirkende, instinktive Kraft der Vernunft ist zwar durch Geistesgeschichte zunehmend kultiviert und damit ist auch der Grundstein für die Einsicht in ein Wirken können aus sittlicher Freiheit gelegt, aber auf diesem Stand ist die Freiheit noch nicht mehr als bloße egoistische Praxis und Beschränkung des Menschen auf seine Handlungsfähigkeit in der Sinnenwelt. Die »sehende[...] Vernunftherrschaft« (GA I,8,206) hingegen setzt auf die Befreiung von aller Empirie. Damit bahnt sie den Weg zur intelligiblen Welt oder wie Johann Gottlieb Fichte auch sagt, den Weg zur »Heiligung« (GA I,8,201), auf dem durch die »historische Kraft [... des] Christentum[s]« die »Gleichheit aller Menschen vor Gott« (Asmuth 1999, S. 489; vgl. Heimsoeth 1962; Buhr/Losurdo 1991; Asmuth 1999) herbeigeführt wird.

Laut seiner »Staatslehre« (1813) wird Geschichte damit verständlich als »die Anschauung dieses Lebens der Freiheit, aus einem formalen und leeren Zustande sich entwickelnd zu X« (FW IV,48), d.i. zunehmende Teilhabe am göttlichen Leben (vgl. Schrader 1990). In seinen Vorlesungen über die Bestimmung des Gelehrten (1805, 1811) vertritt er die Auffassung, dass die Einsicht in diese Geschichtsauffassung sowie sein gegenwärtiger Stand dadurch möglich würden, dass es besonders begabte Menschen gibt, wie etwa Künstler und Philosophen, die gleich einem »Seher« oder »Propheten [...] in der Stunde der Begeisterung [... über] den UniversalSinn der gesammten Menschheit« (GA I,6,338) verfügen und denen der Ausblick auf die intelligible Welt gelungen ist und die ihre Mitmenschen durch ihre Werke daran teilhaben lassen (vgl. Ursua 1979). Dabei stellt Fichte eine Rangordnung zwischen Kunst und Philosophie auf. Der »Genuß einer einzigen, mit Glück in der Kunst [...] verlebten Stunde [...überwiegt zwar] bei weitem ein ganzes Leben voll sinnlicher Genüsse« (GA I,9,158) und der Rezipient der schönen Kunst wird durch ihren Genuss auch »höher gehoben,

und veredelt« (GA I,6,358), aber das geschieht eher unbewusst-affirmativ (vgl.
GA I,5,307). Es ist ein »erste[r] feste[r] Standpunkt« (GA I,6,353), auf dem das
Individuum seine Haltung (vgl. GA II,5,74), die »Beförderung des [übersinnli-
chen] Vernunftzwecks« (GA I,5,305) mit voller Absicht energisch zu wollen,
allererst ausbilden kann (vgl. Stahl 1987; Lohmann 2005; Traub 2006). In Fichtes
entwicklungslogischem Schema nimmt daher die Kunst den Stand der Mitte
zwischen der »Epoche der blinden Vernunftherrschaft« und der »Epoche der
sehenden Vernunftherrschaft« ein, die sich ihrerseits erst mittels Philosophie
realisiert, die den höchsten Entwicklungsgrad klar und deutlich auf den Begriff
und damit zur Einsicht bringt (vgl. GA I,8,206, vgl. GA IV, 2,266 u. I,5,308).

II.3

Schinkels praktische Arbeiten, dies sind die »Allegorie auf die Freiheitskriege«,
und das »Historisch-tektonisches Monument auf die Freiheitskriege«, dürfen als
baugeschichtliche Umdeutung der gesellschaftsphilosophischen Theorie Johann
Gottlieb Fichtes verstanden werden. Mittels der Architektur versinnbildlicht
Karl Friedrich Schinkel die »Entwicklung der Menschheit vom Naturzustande
zum Geistigen hin« (AL 37). Dabei wird anschaulich, wie die erst kurz vergan-
genen Zeiten auf den lange zurückliegenden Zeiten aufbauen. Mit Goerd
Peschken lässt sich der in Karl Friedrich Schinkels »Allegorie auf die Frei-
heitskriege« (Abb. 1) architektonisch dargestellte Übergang »vom Schweren
[, …] Materiellen« (AL 37) und Erdverbundenen zum »Leichten[, …] Geistigen«
(AL 37) als ein Bild von Johann Gottlieb Fichtes gesellschaftsphilosophischen
Entwicklungsgedanken verstehen. Die Architekturphantasien Karl Friedrich
Schinkels spiegeln, wie sich nach Johann Gottlieb Fichte »die Menschheit vom
natürlichen, chaotischen Leben über eine Zwischenstufe von offenbar zwang-
voll-strenger Organisation […] zur hohen Kultur der Freiheit und Gleichheit«
(AL 37) fortbildet.

   An Hand der »Allegorie auf die Freiheitskriege« (Abb. 1) lässt sich besonders
gut zeigen, wie Karl Friedrich Schinkel der Fichteschen Theorie ›Gestalt verleiht‹. Die Architekturphantasie zur »Allegorie auf die Freiheitskriege« ist
dreigeteilt. Der untere Teil besteht aus höhlenartigen Räumen in einer Fels-
landschaft. Er steht für die Naturgewalt der Sinnenwelt und die durch bloße
präintellektuelle Neigungen und Begierden bestimmten Menschen. Der mittlere
Teil besitzt Kolonaden mit einer Apsis, in der eine übergroße Figur steht, zu
deren Füßen eine Menschenmenge platziert ist. Der Übergang zwischen beiden
Teilen impliziert zwar eine Entwicklung von roher Natur zur politischen Kultur,
aber die Hierarchie zwischen Herrscher und Beherrschten zeigt, dass die Entwicklung des Menschen noch nicht abgeschlossen ist. Das ist erst im oberen Teil

Abb. 1: Karl Friedrich Schinkel: Allegorie auf die Freiheitskriege, Gemälde-Vorskizze (um 1814), 282 x 197 mm, bpk / Kupferstichkabinett, SMB/Jörg P. Anders, Bildnr. 10.017.660

der Architekturphantasie der Fall. In der mit gotischen Spitzbögen versehen Halle versinnbildlicht Schinkel das christliche Ideal der »Gleichheit und Freiheit« der Menschen und den Herrscher als »primus inter pares« (AL 22). Dem entspricht Johann Gottlieb Fichtes Idee der durch das Sittengesetz gestifteten

Einheit der Menschen oder wie es bei ihm heißt: die »Synthesis der Geisterwelt« (GA III,5,45).

Theoretisch hat Schinkel diesen ästhetisch dargestellten Entwicklungsgedanken folgendermaßen in großer Anlehnung an Fichte entwickelt: Ein neues Zeitalter, das zwischen dem »gewohnten [...] erkannten« und dem »vollendet[en]« Leben vermittelt (AL 31), beginnt dann, »wenn in der menschlichen Gesellschaft die eingetretene durchaus neue Idee mittelst Vernunft und Verstand in allen ihren Theilen durchdrungen und in allen ihren Verhältnissen sichtbar gemacht worden ist« (AL 31). Dafür bildet die »erste« und »niedere [...] Stuffe« (AL 27) dieses Prozesses, die bloß durch »phisisches Bedürfniß« (AL 22) nach »Obdach, Kleidung und Nahrung« (AL 27) bestimmt ist den Grund, auf dem das »eigentliche« oder mit Johann Gottlieb Fichte gesagt, das selige Leben sich »verbreiten kann« (AL 22). Dafür zieht Karl Friedrich Schinkel die Kunst als Kultivierungsinstrument heran. Kunst unterstützt die »Überwindung des Bedürfnisses« (AL 49) und sie stiftet die Kontinuität des Kultivierungsprozesses, denn jede »Lücke [...] schadet so gleich der ganzen ethischen u moralischen Bildung« (AL 27). Die ästhetisch motivierte Einbildungskraft stellt nach Karl Friedrich Schinkel »gewisse allgemein gültige für alle Zeiten gültige verständliche Ausdrücke« und macht diese »zu Gesetzen« (AL 49). Insofern verfehlen »Religionslehren welche die schöne Kunst als etwas sträfliches verwerfen« (AL 35) ihren Zweck. Seiner Auffassung nach ist Kunst der »einzige[...] Weg«, um »das Göttliche in den irdischen Formen zu erkennen« (AL 35).

In diesem Kontext scheint Kunst bei Karl Friedrich Schinkel einerseits Mittel zur Affizierung des »höhere[n] sittliche[n] Gefühl[s]« (AL 55) als Ausdruck »höhere[r] geistige[r] Rehgung u Leben« (AL 27) zu sein. Andererseits gibt es in seinen Fragmenten eine ungleich größere Anzahl solcher Stellen, in denen er das Verhältnis von Kunst und Religion beziehungsweise Theorie oder auch Philosophie nicht hierarchisch, sondern gleichrangig denkt. »Die Kunst selbst ist Religion« (M 195) und der »vollendet Vernünftige ist zugleich schön« (AL 27).

Dieser Widerspruch lässt sich zwar nicht auflösen – er bleibt bei ihm in der Schwebe –, aber er hat selbstkritisch und selbstbewusst Möglichkeiten und Grenzen seines eigenen Gegenstandes, d.h. der Gestalt der Architektur, für die Kultivierung des Menschen bedacht und eine wechselseitige Ergänzung von Architektur/Kunst und Philosophie gefordert. Er erkennt zwar das zentrale Desiderat seines Gegenstandes an, d.i. die mangelnde Evidenz der theoretischen Begründung. Doch abgesehen davon gilt für ihn, dass das Feld der Kunst umfangreicher als das der Philosophie ist. Der Künstler muss die Idee theoretisch durchdringen und sich ein Begriff von ihr bilden können. Zudem muss er die formalen ästhetischen Mittel beherrschen, mit denen er der Idee eine Gestalt geben kann. In der Anschauung des Werks soll der Begriff der Idee so allgemeinverständlich durchscheinen, dass der Rezipient nicht nur präbewusst affiziert ist, sondern erkennt, was er anschaut, und so nach der ästhetischen Kontemplation in das Werk sein Handeln im unmittelbaren Leben an einem Begriff ausrichten kann. Damit überbietet für Karl Friedrich Schinkel die Kunst, d. h. die bildhafte Gestalt die Philosophie, d. h. den Begriff. Denn die Sphäre des reinen Begriffs ist für ihn bloß die des Denkraums, d. h. des intellektuellen Begründens und damit auch die des logisch intellektuellen Zwangs, aber nicht auch die des Erlebens und des Lebens der Idee, für die oder gegen die man sich im ästhetischen Zustand des ›Spiels‹ der Vermögenskräfte (vgl. Schiller NA 20, S. 359) frei verhalten kann (vgl. Kachler 1940).

III.

Ungeachtet der der jeweiligen Profession geschuldeten unterschiedlichen Gewichtung von Bild beziehungsweise Gestalt und Begriff erhellt die hier nur skizzenhaft gezeigte Fichte-Rezeption Karl Friedrich Schinkels folgenden Sachverhalt: So wie der Künstler von Denkmodellen der Philosophie inspiriert wird und sie zur Erhellung der eigenen Weltanschauung heranziehen kann, so vermag umgekehrt der Philosoph in der ästhetisch gestalteten Welt des Künstlers die sinnlichen Voraussetzungen und Möglichkeiten der ästhetischen Vermittlung des eigenen Denkens erkennen. Aus dieser Beziehung lassen sich traditionelle Bestimmungsstücke des Begriffs der Gestalt abstrahieren, die – wie eingangs erwähnt –, unter veränderten Vorzeichen in der Gegenwart des Architekturdiskurses ihre Fortführung finden. Diese sind: »Komposition«, »Gestaltqualitäten«, Gehalt und Zeichen, »Anschauung und Wirkung« sowie soziokulturelle Bestimmungen (vgl. Schneider a. a. O., S. 9).

Für Fritz Schumacher (1869–1947) ist »das Ziel des schöpferischen Prozesses […] dies: die Idee immer mehr zum geistigen Bilde zu verdeutlichen« (zit. nach Schneider 1974, S. 44). Dabei hebt er auf keine konkrete Idee, sondern vielmehr auf eine, wie es bei Adolf von Hildebrandt (1847–1921) heißt »Allgemeinvorstellung« (zit. nach Schneider 1974, S. 79) ab. Diesem Ziel hat die Komposition zu folgen. »Komposition« ist dabei in Anlehnung an Edgar Allan Poe (1809–1849) die Fähigkeit, für die Gestaltgebung der ästhetischen Wirkung der Idee die »angemessenen Mittel[…]« (Aufbau, »Größenordnung«, »Gegenstand«, »Bedeutung«, »Syntax«, Semiotik und Semantik etc.) (zit. nach Schneider 1974, S. 16) zu wählen (vgl. zum Themenbereich Gestalt in der Architektur und Literatur Nerdinger 2006, Einleitung). Dem haben auch laut Christian von Ehrenfels (1859–1932) die Gestaltqualitäten Genüge zu leisten. Sie erleichtern »das Auffinden und Wiedererkennen von Anordnungen und Gesetzlichkeiten in Zusammenhängen« (zit. nach Schneider 1974, S. 11), die am Werk gegeben sind und gewährleisten damit die »schnelle Deutung« (zit. nach Schneider 1974,

S. 11) der Gestalt. Die Aussagequalität der architektonischen Form als konkrete Qualität der Gestalt zeigte sich besonders eindrücklich im zweiten, an der antiken Architektur orientierten Teil der »Allegorie auf die Freiheitskriege« Karl Friedrich Schinkels. Damit wurde deutlich, dass in Rücksicht der Gefahren, die sich mit antiken Staatsformen verbanden, und denen zufolge »Monarchie in Tyrannis, Aristokratie in Oligarchie und Demokratie in Anarchie umschlagen [konnte], weil diese Staatsformen einerseits dem Menschen bloß äußerliche [waren] und sie andererseits als freie Wesen verk[annten], der durch sie gegebene Zusammenhalt nur ein durch Zwang erreichter, trügerischer Friede sein [konnte]« (Lohmann 2010, S. 227). Der Sachverhalt, nach dem Gestaltqualitäten ideelle Deutungsmöglichkeiten implizieren, wird von Richard Hönigswald (1875–1947) als Transponibilität von Gestaltenqualitäten bezeichnet (vgl. Nachtsheim 1996). Ein anderer Weg, wie Deutungskompetenz im Hinblick auf die Gestalt zu erreichen ist, ist »die Theorie der Zeichen«. Sie ist »der analytische Weg in das Phänomen der Verflechtung« (zit. nach Schneider 1974, S. 11) der verschiedenen Gestaltqualitäten. Mit ihm lässt sich zeigen, wodurch eine Architekturgestalt insgesamt »Zeichen für ein anderes, Sichtbares oder nicht Sichtbares, Sagbares oder Unsagbares, Reales oder Imaginäres sein kann« (zit. nach Schneider 1974, S. 16) – so wie der dritte Teil von Karl Friedrich Schinkels »Allegorie auf die Freiheitskriege« als Bild für die Idee des seligen Lebens gedeutet werden kann: Die der gotischen Architektur eigentümlichen Höhenverhältnisse dürfen als Zeichen der Sehnsucht nach dem Unendlichen gedeutet werden. Dasselbe gilt für die Deutung der unhierarchischen Anordnung der menschlichen Körper als Zeichen einer Gesellschaft gleichberechtigter Menschen. Beides zusammen ergibt das Sinnbild der »Synthesis der Geisterwelt« (GA III,5,45).

Die Inspirationskraft der Gestalt, die bei Schinkel und Fichte in Rücksicht auf das Verhältnis von Bild und Begriff bedacht wurde, ist nach wie vor eine »Hauptanforderung« (Schneider 1974, S. 79) an die Gestalt der Architektur. Sie wird in der Gegenwart unter anderem in Rücksicht auf das Verhältnis unterschiedlicher menschlicher Vermögenskräfte als Bestandteile einer Erkenntnisentwicklung diskutiert. Gemeint ist die Beziehung zwischen »gesehene[r]« und »gedachte[r]« (zit. nach Schneider 1974, S. 37) Gestalt. Fritz Schumacher zufolge »gibt [es] bauliche Kunstwerke, deren Vorzüge […] die eines guten Portraits sind, und bauliche Kunstwerke, deren Vorzüge die eines Phantasiegemäldes sind« (zit. nach Schneider 1974, S. 43). Das beschreibt nach Adolf Hildebrandt »zwei verschiedene[…] Prozesse« (zit. nach Schneider 1974, S. 77) und zwei unterschiedliche Haltungen zur Gestalt: im ersten Fall bloß wahrnehmend und im zweiten Fall vorstellend. Letzteres ist das Ziel der Auseinandersetzung mit der Gestalt. Beim »Übergang [von] der Wahrnehmung zur Vorstellung« ist Folgendes zu beachten: »Der Vorstellungsakt ist […] ein Erinnerungsakt und jeder kann leicht die Wahrnehmung machen, daß von dem Gesehen vieles schwindet und uns ein Gewisses bleibt«. Davon »wird sich vor allem das Gemeinschaftliche an den Gegenständen einprägen, das nicht Gemeinschaftliche, in der Erinnerung jedoch entschwinden«. Das Gemeinschaftliche bezieht sich auf »allgemeine Vorstellungen, die allen Menschen gemein sind, und die sich aus den gemeinschaftlichen Merkmalen bilden. Aus solchen Vorstellungen bilden sich alsdenn die ersten Begriffe.« Bei diesen allgemeinen Vorstellungen handelt es sich um solche, »die ein Kunstwerk von alleine geben muß« (zit. nach Schneider 1974, S. 78). Daran bemisst sich seine Qualität. »Großartige[...] Kunstwerke[...] manifestieren eine eindringliche[...] Wirkung der ursprünglichen Allgemeinvorstellung« (zit. nach Schneider 79). Bei Karl Friedrich Schinkel und Johann Gottlieb Fichte war diese Allgemeinvorstellung die Idee einer idealen sozialen Gemeinschaft, die sie als regulatives Ideal für die Praxis des menschlichen Handeln verstanden haben.

Das aus diesem Sachverhalt ableitbare, gegenwärtig von zum Beispiel unter anderem von Jürgen Hasse vertretene Verständnis, dass Architektur eine soziale Allgemeinvorstellung manifestiert und darin wirkungsmächtiger als alle anderen Künste ist (vgl. Hasse 2013), ist bereits in Karl Friedrich Schinkels und Johann Gottlieb Fichtes Definition des Systems der Künste vorgebildet (vgl. Lohmann 2006 und 2010, S. 31 f. und 88). Architektur ist wirkungsmächtig, weil man sich ihr anders als allen anderen Künsten nicht entziehen kann. Man kann sich beispielsweise entschließen, ein Buch nicht zu lesen, ein Bild nicht anzuschauen oder ein Konzert nicht zu hören, aber man sich vernünftigerweise nicht dazu entschließen, nicht wohnen zu wollen. Architektur ist – um mit Martin Heidegger (1889–1976) zu sprechen – ein Existential des Menschen (Heidegger 1951), das er zudem mit allen seinen körperlich-geistigen Sinnen und nicht nur sehend oder hörend wahrnimmt. Daher trifft es auch ganz besonders auf die Architektur zu, dass sie einen immanenten »soziale[n] Gehalt« (Schneider 1974, S. 160) hat. Sie schafft und formt »Lebensbedingungen« (Schneider 1974, S. 157). Theodor W. Adorno (1903–1969) zufolge dient Architektur als Spiegel zum Verständnis der Gesellschaft (Adorno 1967). Der Unterschied zu Karl Friedrich Schinkels und Johann Gottlieb Fichtes Zeiten besteht in der Abwendung vom Subjekt hin zur Betonung von diversen, die ursprüngliche Einheit des Subjekts auflösenden Anforderungen an es, die in der Praxis jeweils mit unterschiedlichen Selbstverhältnissen einhergehen, die Zerfließen, Entfremden und Vereinzelung und damit eine unstete, fragile Gesellschaft zur Folge haben können. Die Problematizität dieses ideellen Wandels thematisierte der Architekt Aldo van Eyck (1918–1999) und bot mit der in Auseinandersetzung mit der Philosophie Martin Bubers (1878–1965) entwickelten Architekturfassung als »das Gestalt gewordene Zwischen« (Scheier 2013 und Hessler, S. 297 ff.) eine Lösung an (vgl. Teyssot 2008). Die Rede vom ›Zwischen‹ meint ein wechselseitig ergänzendes Verhältnis zwischen Mensch und Architektur, die ihrerseits Räume des ›Zwischen‹, d. h. Räume der Begegnung für die Rezipienten schafft. Bei Martin Buber heißt es dazu: »Jenseits des Subjektiven, diesseits des Objektiven, auf den schmalen Grat, darauf Ich und Du sich begegnen, ist das Reich des Zwischen. Das ›Reich des Zwischen‹ […] hat die spezifische Beachtung nicht gefunden, weil es […] keine schlichte Kontinuität aufweist, sondern sich nach Maßgabe der menschlichen Bedingungen jeweils neu konstituiert« (Buber 1982, S. 164 f.).

Vor dem Hintergrund solcher Ambitionen wie die von Aldo van Eyck ist noch einmal Fritz Schumacher zu zitieren, für den es »Architektur ohne Auseinandersetzung mit einem Stück Welt und einem Stück Menschenbedürfnis überhaupt nicht gibt« (zit. nach Schneider, S. 44). Ferner ist in diesem Zusammenhang festzuhalten, dass, auch wenn man die von Georg Lukács (1885–1971) formulierte Kritik an der »transzendentalen Obdachlosigkeit« (Lukács 1920, S. 24) unserer Zeit nicht uneingeschränkt teilt, angesichts der von Mohamed Scharabi u. a. kritisierten leeren bis beliebigen, schnelllebigen Avantgarden (vgl. Scharabi 1993) die in Karl Friedrich Schinkels Fichte-Rezeption im Subjektbegriff gegründete gesellschaftsbildende Kraft der Architekturgestalt keinesfalls anachronistisch ist. So findet man zum Beispiel bei einem Architekten der jüngsten Zeit, dem Pritzkerpreisträger Hans Hollein (1934–2014), das Ansinnen, architektonische Gestalt in einen apriorischen Sinnhorizont zu stellen. Auf die Frage »Was ist Architektur?« antwortet er: »Bauen. Und was ist sie mehr als Bauen? Sie ist ein geistiges Ereignis. Sie ist ein Grundbedürfnis des Menschen. Sie ist Bauen um zu Bauen, abstraktes Bauen. Architektur ist eine geistige Ordnung, verwirklicht durch Bauen. Architektur, ein Zeichnen des Übersinnlichen, emporwachsend aus der Erde, eine Idee, hineingebaut in den unendlichen Raum, die geistige Kraft des Menschen manifestierend, materielle Gestalt seiner Bestimmung, seines Lebens« (Hollein 1962).

Literatur

Adorno, Theodor W. (1967): Thesen zur Kunstsoziologie. In: Adorno, Theodor W., Ohne Leitbild. Parva Aesthetica. Frankfurt a. M., S. 168–192.
Asmuth, Christoph (1999): Artikel zu Fichtes »Die Grundzüge des gegenwärtigen Zeitalters«. In: Volpi, Franco (Hrsg.), Großes Werklexikon der Philosophie. Stuttgart, S. 489–490.
Bergdoll, Barry (1994): Karl Friedrich Schinkel. Preußens berühmtester Baumeister. München.
Bisky, Jens (2000): Architekturästhetik von Winckelmann bis Boisserée. Weimar.
Brix, Michael/Steinhauer, Monika (Hrsg.) (1978): Geschichte allein ist zeitgemäß; Historismus in Deutschland. Lahn – Gießen.

Buber, Martin (1982): Das Problem des Menschen. Heidelberg.

Buchwald, Dagmar (2001): Artikel ›Gestalt‹. In: Barck, Karlheinz/Fontius, Martin/Wolfzettel, Friedrich/Steinwachs, Burkhart (Hrsg.), Ästhetische Grundbegriffe. Ein historisches Wörterbuch in sieben Bänden, Bd. 2. Stuttgart – Weimar, S. 820–862.

Buhr, Manfred/Losurdo, Domenico (1991): Fichte-die Französische Revolution und das Ideal vom ewigen Frieden. Berlin.

Burke, Peter (2008): Um 1808: Die Neuordnung der Wissensarten. Schellingiana, hrsg. v. Maria Isabel Peña Aguado, Bd. 1. Berlin – München.

Cassirer, Ernst (1923): Philosophie der symbolischen Formen. Berlin.

Dorgerloh, Annette/Niedermeier, Michael/Bredekamp, Horst (2007): Klassizismus – Gotik Karl Friedrich Schinkel und die patriotische Baukunst. München – Berlin.

Drechsler, Julius (1955): Fichtes Lehre vom Bild. Stuttgart.

Fichte, Johann Gottlieb (1964ff.): Fichte, Johann Gottlieb. Der Zitation der Werke Fichtes liegt die J. G. Fichte-Gesamtausgabe der Bayerischen Akademie der Wissenschaften (hrsg. v. Reinhard Lauth, Erich Fuchs, Hans Gliwitzky und Peter K. Schneider, Stuttgart – Bad Cannstatt 1964ff.) zugrunde. Die römische Ziffer gibt die Reihe, die arabische Ziffer die Bandnummer und die zweite arabische Ziffer die Seitenzahl an (I: Werke; II: Nachgelassene Schriften; III: Briefe; IV: Kollegnachschriften). Abgekürzt: GA.

Fichte, Johann Gottlieb (1924): Sämmtliche Werke. 11 Bde., hrsg. v. Immanuel Hermann Fichte. Leipzig. Abgekürzt FW.

Forssman, Erik (1999): Goethezeit; Über die Entstehung des bürgerlichen Kunstverständnisses. Berlin.

Funke, Reiner (1983): Selbsttätigkeit; Zur theoretischen Begründung eines bis heute vernachlässigten Begriffs durch Fichte und seine Schüler. In: Vierteljahrsschrift für wissenschaftliche Pädagogik Bd. 59. Bochum, S. 62–78.

Girndt, Helmut (1987): Lehren und Lernen in der Philosophie als philosophisches Problem. In: Girndt, Helmut/Siep, Ludwig (Hrsg.), Sophia Bd. 1. Essen, S. 55–81.

Guratzsch, Dankwart (2000): Bausteine für eine bessere Welt. In: Die Welt v. 09.01.2000.

Hasse, Jürgen (2013): Synästhesie. Eine Grundform der Wahrnehmung – zum Beispiel von Architektur. In: Wolkenkuckucksheim 2013, 18. Jg., Heft 13. http://cloud-cuckoo.net/fileadmin/issues_en/issue_31/artikel_hasse.pdf (zuletzt abgerufen am 12.08.2015).

Heidegger, Martin (1991): Bauen Wohnen Denken. In: Conrads, Ulrich/Neitzke, Peter (Hrsg.), Menschen und Raum. Das Darmstädter Gespräch 1951. (Bauwelt Fundamente Bd. 94). Braunschweig, S. 88–102.

Heimsoeth, Heinz (1962): J. G. Fichtes Aufschließung der geschichtlichen Welt. In: Studia e ricerche di storia della filosofia. Nr. 50. Torino.

Heßler, Martina (2007): Die kreative Stadt: zur Neuerfindung eines Topos. Bielefeld.

Hirsch, Emanuel (1926): Fichtes Gotteslehre 1794-1802. Die idealistische Philosophie und das Christentum. Gesammelte Aufsätze, Studien des apologetischen Seminars Wernigerode Heft 14. Gütersloh, S. 140–307.

Hogrebe, Wolfgang (2006): Echo des Nichtwissens. Berlin.

Hollein, Hans (1962): Zurück zur Architektur. http://www.hollein.com/ger/Schriften/Texte/Zurueck-zur-Architektur (zuletzt abgerufen am 09.08.2015).

Janke, Wolfgang (1993): Vom Bilde des Absoluten Grundzüge der Phänomenologie Fichtes. Berlin – New York.

Kachler, Gottfried (1940): Schinkels Kunstauffassung. Basel.

Lassahn, Rudolf (1970): Studien zur Wirkungsgeschichte Fichtes als Pädagoge. Heidelberg.

Lauth, Reinhard (1980): Über Fichtes Lehrtätigkeit in Berlin von Mitte 1799 bis Anfang 1805 und seine Zuhörerschaft. In: Hegel-Studien 15, S. 9–50.

Lauth, Reinhard (1993): Fichtes entscheidende Leistung innerhalb der Geschichte der Geschichte der Philosophie. In: Breil, Reinhold/Nachtsheim, Stefan (Hrsg.), Vernunft und Anschauung; Philosophie – Literatur – Kunst. Festschrift für Gerd Wolandt zum 65. Geburtstag. Bonn, S. 141–154.

Lohmann, Petra (2005): Die Funktionen der Kunst und des Künstlers in der Philosophie Johann Gottlieb Fichtes. In: Fichte-Studien Bd. 25, hrsg. v. Jörg Jantzen, Thomas Kisser und Hartmut Traub. Amsterdam – New York, S. 113–132.

Lohmann, Petra (2010): Karl Friedrich Schinkel: Architektur als ›Symbol des Lebens‹. Zur Wirkung der Philosophie Johann Gottlieb Fichtes auf die Architekturtheorie Karl Friedrich Schinkels (1803–1815). München – Berlin.

Lukács, Georg (1920): Die Theorie des Romans. Berlin.

Mackowsky, Hans (1922): Karl Friedrich Schinkel. Briefe, Tagebücher, Gedanken. Ausgewählt und eingeleitet und erläutert von Hans Mackowsky. Berlin.

Meisenheimer, Wolfgang (1983/84): Gestalt in der Architektur. Dokumentation eines Seminars zu Fragen der Architektur-Theorie veranstaltet im Lehrgebiet Grundlagen des Entwerfens (Prof. Dr.-Ing. Wolfgang Meisenheimer durch den Fachbereich Architektur der Fachhochschule Düsseldorf im WS 1983/84 in Kronenburg/Eifel. http://www.mei senheimer.de/ad-10-wolfgang-meisenheimer.html (zuletzt abgerufen am 13.08.2015).

Metzger, Wilhelm (1974): Artikel »Gestalt«. In: Historisches Wörterbuch der Philosophie, Bd. 3, Basel, S. 539–548.

Nachtsheim, Stephan (1996): Richard Hönigswalds Gestalttheorie und die ›Kritik der Urteilskraft‹. In: Wolfgang Orth/Dariusz Aleksandrowicz (Hrsg.), Studien zur Philosophie Richard Hönigswalds. Würzburg, S. 63–83.

Nipperdey, Thomas (1976): Gesellschaft, Kultur, Theorie. Gesammelte Aufsätze zur neueren Geschichte. Göttingen.

Nerdinger, Winfried (Hg.) (2006): Architektur wie sie im Buche steht. Fiktive Bauten und Städte in der Literatur. Salzburg – München.

Peschken, Goerd (1979 u. 2000): Das Architektonische Lehrbuch. In: Börsch-Supan, Helmut/Reimann, Gottfried (Hrsg.), Karl Friedrich Schinkel Lebenswerk Bd. 14. München – Berlin. Abgekürzt: AL.

Planert, Ute (2007): Der Weltgeist zu Pferde. In: Die Erfindung der Deutschen; Wie wir wurden, was wir sind. (Spiegel Spezial Geschichte Nr 1/2007 vom 20.02.2007). Hamburg, S. 69–81.

Felix Saure (2010): Karl Friedrich Schinkel. Ein deutscher Idealist zwischen »Klassik« und »Gotik«. Hannover.

Platon (1958): Philebos. In: Platon. Sämtliche Werke, übers. v. Friedrich Schleiermacher, hrsg. v. Walter F. Otto, Ernesto Grassi und Gert Plamböck. Hamburg.

Scharabi, Mohamed (1993): Architekturgeschichte des 19. Jahrhunderts. Tübingen – Berlin.

Scheier, Claus-Arthur (2013): Das gestaltgewordene Zwischen – Die ästhetische Moderne im Denken Martin Bubers. In: Im Gespräch. Hefte der Martin Buber-Gesellschaft, Nr. 15, S. 3–12.

Siebeck, Hermann (1902): Goethe als Denker. Stuttgart.

Schiller, Friedrich (1962): Über die ästhetische Erziehung des Menschen in einer Reihe von Briefen. In: Schiller-Nationalausgabe begr. v. Julius Peters, Bd. 20, hrsg. v. Benno von Wiese. Weimar. Abgekürzt NA.

Schneider, Martina (Hg.) (1974): Information über Gestalt. (Bauwelt Fundamente 44). Düsseldorf.

Schrader, Wolfgang H. (1990): Nation, Weltbürgertum und Synthesis der Geisterwelt. In: Fichte-Studien Bd. 2, hrsg. v. Klaus Hammacher, Richard Schottky und Wolfgang H. Schrader. Amsterdam – Atlanta, S. 27–36.

Stahl, Jürgen (1987): Ästhetik und Kunst in der Transzendentalphilosophie J. G. Fichtes. In: Kultur und Ästhetik im Denken der deutschen Klassik. Collegium Philosophicum Jenense, Heft 7, hrsg. v. Erhard Lange. Weimar, S. 74–92.

Stadler, Michael (2008): Artikel »Gestalt«. In: Enzyklopädie Philosophie, hrsg. v. Hans Jörg Sandkühler u. a., Bd. 1. Hamburg, S. 892.

Teyssot, Georges (2008): The Story of an Idea. Aldo van Eyck's Threshold. In: LOG 11, S. 33–48.

Traub, Hartmut (2006): Über die Pflichten des ästhetischen Künstlers. Der § 31 des Systems der Sittenlehre im Kontext von Fichtes Philosophie der Ästhetik. In: Fichte-Studien Bd. 27. Amsterdam – New York, S. 55–106.

Ursua, Nicanor (1979): Historisch-philosophische Untersuchung über die Bestimmung des Gelehrten nach J. G. Fichte. München.

Verwiebe, Birgit (Hrsg.) (2008): Karl Friedrich Schinkel und Clemens Brentano: Wettstreit der Künstlerfreunde, Berlin.

Wegner, Reinhard (2000): Deutsche Baukunst um 1800. Köln – Weimar – Wien.

Wittmann, Rudolf (1983): Grundlagen der Architektur im Zeitalter des Humanismus. München.

Zajon, Michael (2008): Alte Nationalgalerie Baustelle Schreibstube. In: Der Tagesspiegel, 10.10.2008. http://www.tagesspiegel.de/kultur/ausstellungen-alt/alte-nationalgalerie-baustelle-schreibstube/1343112.html (zuletzt abgerufen am 10.08.2015).

Katja Wirfler

Konstruktionen gestalten oder Gestalten konstruieren – ein Pleonasmus?

Natürlich ist die Frage etwas provokant, denn nach heutigem Verständnis ist das Konstruieren etwas in erster Linie *Technisches*, während das Gestalten ganz im Gegensatz dazu als etwas *Künstlerisches* empfunden wird. Aber hat das Gestalten per se schon eine Qualität? Oder wovon hängt die Qualität der Gestaltung ab?

Als Architektin am Lehrgebiet Tragkonstruktion befinde ich mich an der Schnittstelle zweier Disziplinen, die in der Praxis gemeinsam für die Planung und Realisierung von Gebäuden verantwortlich sind: dem Bauingenieurwesen und der Architektur. Dabei definiert sich das Bauingenieurwesen spätestens seit dem 20. Jahrhundert über ein rein technisches und wissenschaftliches Selbstverständnis, das laut Günther Ropohl durch einen Szientismus gekennzeichnet ist. Die Technik ist demnach eigenständig und orientiert sich nach sachtechnischen Gesichtspunkten aus sachtechnischem Wissen (Ropohl 1998, S. 12–15). Die Architektur hingegen bewegt sich im Spannungsfeld vielfältiger Wissensgebiete und der Kunst. Der Architekt sieht sich als Generalist, der technisches, konstruktives und methodisches Wissen mit sozialen, ökonomischen und gestalterischen Kompetenzen kombiniert.

Das stellt vor allem die Ausbildung von Architekten vor eine große Herausforderung. Der Wissenszuwachs in allen beteiligten Arbeitsgebieten ist enorm und der Architekt muss sich eben genau das *Schlüsselwissen* der einzelnen Disziplinen aneignen, das es ihm zum einen ermöglicht, mit der jeweiligen Fachrichtung im interdisziplinären Diskurs zu kommunizieren, und des Weiteren, die erlangten Erkenntnisse im richtigen Moment in den Entwurfsprozess einfließen zu lassen. Letzteres setzt voraus, dass sich Entwurf und Wissen gegenseitig bedingen, dass die erlernten Basiskompetenzen Teil der gestalterischen Lösung werden. Genau an dieser Stelle sind Defizite zu erkennen. Die Studierenden zeigen Schwierigkeiten, das erlernte Wissen in den Entwurf zu integrieren. Dafür gibt es viele Erklärungsmöglichkeiten und Lösungsansätze. Welches Wissen und welche Kompetenzen müssen in welcher Reihenfolge und in welcher Weise vermittelt werden? Wie wird das Wissen gespeichert und die Anwendung trainiert? Aber bevor diese Fragen zufriedenstellend beantwortet werden können, ist es meiner Ansicht nach unumgänglich, über den Ursprung und die Essenz des architektonischen Entwurfs zu reflektieren.

Der Entwurf gehört ohne Zweifel zu dem künstlerischen Teil des Architekturstudiums. Ursprünglich kommt das Wort *Kunst* von *Können*. Die Einengung auf künstlerische Betätigung und auf den Gegensatz zur Natur ist erst seit dem 18. Jahrhundert ausgeprägt (Kluge/Mitzka 1967). Es ist anzunehmen, dass die Kunst somit vor dieser inhaltlichen Veränderung im Handwerk ihren Platz hatte. Das Handwerk wird allgemein nicht mehr unmittelbar mit Kunst in Verbindung gebracht und hat im Gegensatz zu Kunst und Technik an Wertschätzung verloren. Kunst und Technik liegen seit jener Zeit zwei völlig unterschiedliche, wenn nicht gegensätzliche Denkweisen zugrunde (Polónyi 1987, S. 9).

Zurück zum architektonischen Entwurf: Wie und auf welche Weise lässt sich technisches Wissen in den Entwurf integrieren? Ist es so, dass das erlangte Wissen den gestalterischen Akt des Entwerfens schon dadurch verändert, dass es vorhanden ist? Oder befindet sich der *Entwurf* an einer Stelle im Gehirn, das auf das gespeicherte *technische Wissen* keinen Zugang hat? Um diesen Fragen näher zu kommen, ist es wichtig, einige geschichtliche Entwicklungen zu skizzieren.

Der Architekt

Wie soeben bei dem Wort *Kunst* geschehen, lohnt es sich, ebenfalls das Wort *Architekt* genauer zu betrachten. Bestehend aus dem griechischen *archós* gleich *Führer* und *Tékton,* der Zimmermann bedeutet es zusammengesetzt *Erster* oder *Leitender Zimmermann*, allgemeiner formuliert der *Baumeister*.

Der architekturaffine Leser wird bei diesen Worten nicht ohne Grund vor allem an die Epochen der Romanik und der Gotik denken, einer Zeit in der die Einheit von Technik, Handwerk und Gestaltung in Europa zu einer Entwicklung der technischen Baukunst führte, die genau aus diesem Grund bis heute beeindruckt. Geplant und gebaut wurden diese Bauwerke von eben solchen *Meistern* ihres Handwerkes. Da es sich bei den romanischen Kirchen und gotischen Kathedralen um Gebäude handelte, die überwiegend in Stein gebaut wurden, waren die Baumeister oder Architekten jener Zeit in der Regel Steinmetze. Ihr vielschichtiges Wissen über das Bauen wurde in den damals üblichen Bauhütten von Generation zu Generation weitergegeben und weiterentwickelt. Berechnungen und Nachweise, wie wir sie heute zum Beispiel zur Rekonstruktion von Teilen dieser Bauwerke benötigen, gab es damals in der Form noch nicht. Aber neben handwerklichem Können müssen jene Architekten ein ausgebildetes statisches Gefühl besessen haben, ein Verständnis vom Verlauf der Kräfte, von Zug und Druck von Lasten und dem daraus resultierenden Lastabtrag.

Anders sind die bautechnischen Errungenschaften vor allem der Gotik nicht zu erklären: Mit einem Minimum an Materialaufwand schufen sie ein Maximum von Raum (Straub 1992, S. 65–73). Masse wurde reduziert, indem das feste Baumaterial auf diejenigen Stellen konzentriert wurde, an denen es statisch notwendig war. Dazu lösten sie die Gewölbe auf in stützende Rippen, zwischen die sich leichte Gewölbekappen spannten. In direkter Konsequenz daraus unterteilten sie die Mauern in tragende Pfeiler und raumabschließende Füllungen. Um den sich an der stützenden Rippe konzentrierenden Bogenschub aufzunehmen, entwickelten sie schließlich ein System von Strebepfeilern und Strebebögen. Es ist insofern nachvollziehbar, dass Hans Straub in seinem Buch über die Geschichte der Bauingenieurskunst zu folgendem Schluss kommt: »Es handelt sich also gewissermaßen um eine *Skelettbauweise*, die aber, da alle Bauglieder nur Druckkräfte aufnehmen und weiterleiten können, ungleich komplizierter und kunstvoller ausgebildet sein musste als unsere heutigen Systeme, die neben Pfeilern und Druckstreben auch Zugglieder und biegungssteife Riegel zur Verfügung haben« (Straub 1992, S. 68).

Ohne Zweifel hat die Gotik einen außerordentlich konstruktiven Charakter, aber sie vernachlässigt die formale und architektonische Funktion in keinem Moment. Vielmehr ist die Konstruktion Bestandteil des architektonischen Ausdrucks. Sie endet nicht dort, wo das statisch konstruktive Ziel erreicht ist, sondern bleibt bis hin zur formal künstlerischen Durchbildung aller einzelnen Teile in erster Linie der architektonischen Komposition verpflichtet. Hierin besteht die Qualität der Gestaltung, die sich auf alle Stilepochen übertragen lässt. Oft sind bau-, und tragkonstruktive Herausforderungen der Ursprung wichtiger Gestaltungsmittel. In der Regel handelt es sich in der Architektur dabei um Details der Fügung und des Tragwerks.

Das Kordongesims (Abb. 1) zum Beispiel, das in Höhe der Geschossdecke aus der Fassade hervorspringt, hat neben seiner gestalterischen Funktion die Aufgabe, die in die tragende Wand eingebundenen Holzbalken ausreichend zu überdecken und so vor der Witterung zu schützen. Gottfried Semper geht auf diese Herausforderungen ein und bedient sich eines Worttausches. Er macht aus der *Not* eine *Naht*, die zur Tugend gemacht werden müsse. In *Der Stil in den technischen und tektonischen Künsten* schreibt er zur struktiven Bedeutung der Naht:

»In der Naht tritt ein wichtigstes und erstes Axiom in der Kunst-Praxis in ihrem einfachsten, ursprünglichsten und zugleich verständlichsten Ausdrucke auf,– das Gesetz nämlich, aus der Noth eine Tugend zu machen, welches uns lehrt, dasjenige, was wegen der Unzulänglichkeit des Stoffes und der Mittel, die uns zu dessen Bewältigung zu Gebote stehen, naturgemäss Stückwerk ist und sein muss, auch nicht anders erscheinen lassen zu wollen, sondern vielmehr das ursprünglich Getheilte durch das ausdrücklichste und absichtsvolle Hervorheben seiner Verknüpfung und Verschlingung zu einem gemeinsamen Zwecke nicht als Eines und Ungetheiltes, wohl aber um so sprechender als Einheitliches und zu Einem Verbundenes zu charakterisieren.« (Semper 1860–1863, S. 77–79)

Abb. 1: Kordongesims, Wohnhaus, Koblenz am Rhein (Quelle: Katja Wirfler)

Für Semper ist die Fügung eine zu lösende Aufgabe technischen Ursprungs, die erst dann zur Tugend wird, wenn ihre Bedeutung künstlerisch reflektiert wird und das erschaffene Detail einen Mehrwert zur pragmatischen technischen Lösung darstellt. Sempers Schaffen fällt ins 19. Jahrhundert, das Wort Kunst hatte sich erst ein Jahrhundert zuvor in seiner Bedeutung verändert und sich als eigenständige Qualität neben dem *Können* etabliert. Dem entgegengesetzt scheint sich die Handwerkskunst in einer Krise befunden zu haben. Semper kritisiert aufs Schärfste den Zustand des Handwerks und der Baukunst seiner Zeit und sieht sich im Übergang von einer Kunstwelt in das Gestaltlose (Semper 1860–1863, S. V). Seinem *Stil* gibt er den Untertitel: *Ein Handbuch für Techniker, Künstler und Kunstfreunde.*

Das Handwerk

Das Potenzial dieser oben beschriebenen Einheit von technischem Sachverstand und gestalterischer Kompetenz lässt sich auf viele kreative Prozesse übertragen. Es manifestiert sich in der Fähigkeit, eine zukunftsfähige Weiterentwicklung zu ermöglichen. Ein Beispiel aus dem Möbelbau, das diesen Gedanken veranschaulicht, ist die Entwicklung der Bugholzmethode. Als Michael Thonet in den 1850er Jahren seinen *Stuhl Nr. 1* (Abb. 2) aus gebogenem Massivholz herausbrachte, war das keine plötzliche Eingabe, sondern das Ergebnis jahrzehntelanger Versuche eines Tischlermeisters, der aus den Eigenschaften des Holzes die richtigen Schlüsse gezogen hatte. Gegeben durch das stabartige Wachstum der Bäume sind die Festigkeitsklassen von Holz längs und quer zur Faserrichtung sehr unterschiedlich. Die Druckfestigkeit quer zur Faserrichtung beträgt nur etwa ein Viertel der Druckfestigkeit längs zur Faserrichtung. Thonet versuchte deshalb, die Krafteinleitung möglichst in Faserrichtung erfolgen zu lassen. Anschlüsse, vor allem Eckanschlüsse im Holzbau, womit wir wieder bei der von Semper beschriebenen Naht wären, sind schwierig auszuführen, weshalb er sie auf ein Minimum reduzierte indem er die Eckverbindungen durch Biegung des Materials ersetzte. Da der Stumpfstoß im Holzbau nicht umsetzbar ist, ließ er anzuschließende Stäbe parallel führen (Polónyi 1987, S. 75–77). Nachdem Thonet zunächst mit in Leim gekochten dünnen Furnierstreifen experimentierte, begann er später, dünne Buchenholzstäbe unter Dampf zu biegen, und entwickelte das bis heute bekannte und bewehrte Bugholzverfahren. Damit war ein innovatives Konstruktionsprinzip entstanden, das die Möglichkeiten im Holzbau bereicherte.

Architekt oder Bauingenieur

Etwa zeitgleich mit der Einengung des Wortes Kunst auf künstlerische Betätigung und auf den Gegensatz zur Natur nahm die Entstehung des Bauingenieurwesens als eigenständige Disziplin ihren Anfang und wandelte entscheidend das Berufsbild von Architekten. Technik, Handwerk und Kunst entfernten sich voneinander und entwickelten ein eigenes Selbstverständnis. Forschungen von Physikern und Mathematikern zu Festigkeitsklassen unterschiedlicher Materialien führten im 17 Jahrhundert zu neuen Erkenntnissen, die etwa 100 Jahre später Einzug in das Bauwesen hielten (Straub 1992, S. 150–165). Neben den Architekten entstand das Berufsbild des Bauingenieurs. Nachdem der Architekt über Jahrhunderte neben den gestalterischen auch alle technischen Kompetenzen in einer Person vereinte, teilte sich das planerische Geschehen im Bauwesen im 19. Jahrhundert auf zwei unterschiedliche Disziplinen

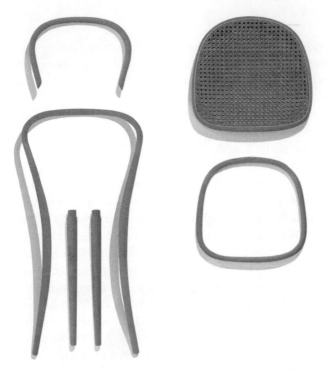

Abb. 2: Stuhl Nr. 1 in seinen Einzelteilen (Quelle: Thonet GmbH)

auf. Während der Bauingenieur von nun an die klassischen Ingenieurbauwerke plante und betreute, beispielsweise Häfen, Dämme, Straßen- und Wasserbau sowie Brücken und Bahnhöfe, blieben dem Architekten der Bau von Monumenten, öffentlichen Gebäuden, Kirchen und Wohnbauten vorbehalten. Durch die Akademisierung beider Berufe kam es zu einer gemeinsamen Distanzierung der Planenden zum Handwerk.

Mit fortschreitender Spezialisierung in der Ausbildung von Architekten und Ingenieuren grenzten sich dann im weiteren Verlauf die Architekten von den Ingenieuren ab. Die Kernkompetenz der Ingenieure war klar definiert, die der Architekten verschob sich vom technisch versierten Universalplaner hin zum in erster Linie *gestaltenden* Künstler. Während der Ingenieur rechnete, konzentrierte sich der Architekt im Wesentlichen auf die Gestaltung von Fassaden (Abb. 3). Hendrik Petrus Berlage und Peter Behrens waren wohl die bekanntesten Wortführer, die um die Jahrhundertwende vom 19. ins 20. Jahrhundert forderten, die elementare Baukunst wieder zu beleben. Während Berlage bei seinen Forderungen die essentielle Wahrheit und logische Gesetzmäßigkeit finden wollte, suchte Behrens nach Sinngebung und plastischer Kraft, ohne den Anspruch auf allgemeingültige Wahrheit. Gerade weil sie architekturtheoretisch als Antipoden (Neumeyer 1986, S. 120–122) zu bezeichnen sind, illustrieren sie eine Krise des Bewusstseins und der Identität, die sich schon bei Semper erkennen lässt und sich unter den Architekten weiter formierte. Mit der Moderne am Anfang des 20. Jahrhunderts kam es dann zu einer Annäherung, die allerdings nicht lange anhielt. Andrew Saint beschreibt in seinem Buch *Architect and engineer* (Saint 2007, S. 485–493) die momentane Dialektik als auf der Kippe stehend und befürchtet, der Ingenieur drohe zu versinken in der Masse der Fachplaner. Das ist nachvollziehbar. Aber auch der Architekt läuft Gefahr, seinem generalistischen Anspruch nicht mehr gerecht zu werden.

Abb. 3: Lehrter Bahnhof während der Abrissarbeiten 1956. Landesarchiv Berlin, F Rep. 290 Nr. 0055151 / Fotograf: Bert Sass

Fazit

Das Problem, das hier anhand der Entwicklung im Bauwesen beschrieben wird, wirft grundsätzlich die Frage auf, welchen Einfluss die Spezialisierung in allen Wissensbereichen auf die Gestaltung unserer Welt hat. Wenn das notwendige Wissen und die Methodenkompetenz sich auf immer mehr unterschiedliche Disziplinen aufteilen, muss etwas an die Stelle rücken, die ehemals vom *Generalisten* eingenommen wurde. Die Forderung nach Transparenz, integralem Denken und Beteiligung einer breiteren Masse der Bevölkerung an wichtigen

Entscheidungs-, und Gestaltungsprozessen ist ein unabdingbarer Schritt. Aber zurück zur anfangs gestellten Frage: Hat Gestaltung an sich schon eine Qualität? Nein, die hat sie nicht und es ist gefährlich, den Begriff zu benutzen, ohne darüber nachzudenken. Sie muss vom Gegenstand her gedacht werden und ist für sich alleine noch keine Kompetenz.

Um die Qualität der Gestaltung zu sichern, ist die Kommunikation zwischen den unterschiedlichen Disziplinen ein weiterer Schlüssel. Zumindest im Bauwesen könnte hierzu eine Revision der unterschiedlichen Wissenschaftsbegriffe von Kunst und Technik und der damit einhergehenden Denkweisen einen Beitrag leisten. Vielleicht ließe sich eine Schnittmenge definieren, die die Basis einer gemeinsamen Sprache sein könnte und damit auch die Grundvoraussetzung für eine gute Gestaltung.

Literatur

Kluge, Friedrich/Mitzka, Walther (1967): Ethymologisches Wörterbuch der deutschen Sprache. 20. Aufl. Berlin.

Neumeyer, Fritz (1986): Mies von der Rohe – das kunstlose Wort: Gedanken zur Baukunst. Berlin.

Polónyi, Stefan (1987): –mit zaghafter Konsequenz: Aufsätze und Vorträge zum Tragwerksentwurf, 1961–1987. Braunschweig (Bauwelt Fundamente, 81).

Ropohl, Günter (1998): Wie die Technik zur Vernunft kommt: Beiträge zum Paradigmenwechsel in den Technikwissenschaften. Amsterdam. (Technik interdisziplinär, 3 Bd).

Saint, Andrew (2007): Architect and engineer: A study in sibling rivalry. New Haven, CT – London.

Semper, Gottfried (1860–1863): Der Stil der technischen und tektonischen Künste, oder praktische Aesthetik. Frankfurt am Main.

Straub, Hans (1992): Die Geschichte der Bauingenieurkunst: Ein Überblick von der Antike bis in die Neuzeit. 4. Aufl. Basel.

Ulrich Exner

Dialog mit Raum

Architektur lässt sich als Gestaltung von Raum verstehen. Dem Architekten stehen verschiedene Methoden der Raumaneignung zur Verfügung, von denen eine, die Linear- oder Planperspektive, größte Bedeutung erlangt hat. Dieses auf der Optik basierende Verfahren ist ein Beispiel dafür, dass wissenschaftliche Erkenntnisse in Gestaltungsprozesse eingehen können – doch ist mit ihr und ihrer Konzentration auf das Visuelle verbunden, dass die Raumaneignung eingeschränkt wird, was im Folgenden dargelegt werden soll. Grundlage dieser Überlegungen ist ein Verständnis von Architektur, das die umfassende sinnliche – nicht nur visuelle – Wahrnehmung einbezieht: Architektur, die ein komplexes Zusammenspiel zwischen uns selbst und der Welt fördert, wobei die Vermittlung über alle Sinne geschieht. Dies führt im Verlauf folgender Überlegungen zu einer Kritik an gegenwärtigen architektonischen Realisierungen, die zu einer sinnlichen Leere von Architektur geführt haben; denn im Zuge der Unterordnung unter das Visuelle und der Vernachlässigung anderer Sinne hat sich eine rein funktionale Ausrichtung der Architektur und eine rationale Organisation der öffentlichen Räume durchgesetzt. Wie lässt sich demgegenüber Raum herstellen, der eine vieldimensionale sinnliche Wahrnehmung fördert und mehr ist als nur ein Objekt mit funktionalen Zuweisungen?

1. Die Linearperspektive als zentrale Methode der Raumaneignung

Die Vermittlung von Raum durch den Landvermesser – wissenschaftlich »Geometer« genannt – legt dar, wie viel Mal ein fixiertes Maß in einem Stück Land enthalten ist. Mit der Karte schafft er hieraus eine Übersicht, die wir als »wahre Grenzen« anerkennen. Sein Messinstrument macht jeden Punkt zum Koordinaten-Mittelpunkt und durch einfache Drehung in jede beliebige Richtung im Raum zur Koordinatenachse: X, Y, Z. Raum wird dabei in seiner Ausdehnung erfasst und erscheint als ein physikalisch geometrisches Produkt.

In diesem Prozess werden geometrische und graphische Gesetzmäßigkeiten hinzugezogen, um die Unvollkommenheit unserer Sinnesorgane zu korrigieren. So ist es uns möglich, auf der immer gleichen Oberfläche des Meeres die eigene Position zu bestimmen; so ist es uns möglich, nach dem Stand der Sonne die Zeit zu berechnen.

In der räumlichen Darstellung ist es die Perspektive, mit deren Hilfe dreidimensionale Körper auf einer ebenen Fläche abgebildet werden können. Was wissenschaftliche Zuordnungen betrifft, ist sie als eine Teildisziplin der Geometrie anzusehen.

Sehr verkürzt gesagt, wurde die Linearperspektive in der Renaissance in Italien entwickelt, angeregt von den Schriften des Euklid (um 300 v. Chr.) und des Vitruv (1. Jh. v. Chr.) und ergänzt um Studien zur Optik von Alhazen (ca. 965–1040 n. Chr.). Als zentrale Protagonisten in der Architektur gelten Filippo Brunelleschi (1377–1446), der mittels der Linearperspektive die Konstruktion der Domkuppel von Florenz mathematisch berechnete, und Leon Battista Alberti (1404–1472), der in seiner Schrift *De pictura* wichtige theoretische Grundlagen darlegte.

Mit der Entwicklung und Durchsetzung der Planperspektive sind mehrere Konsequenzen verbunden. Reflektiert man unsere vertraute räumliche Erfahrungswelt anhand geometrischer Regeln, wird sie rationalisiert; es werden Raumeindrücke erzeugt, die den Betrachtern keine Interpretationsspielräume lassen: Raum und seine Wahrnehmung unterliegen somit einer Objektivierung. Wenn weiterhin räumliche Vorstellungen und Visionen mithilfe eines mathematisch generierbaren visuellen Codes dreidimensional anschaulich gemacht werden, reduziert sich unsere durch vielfache sinnliche Wahrnehmungen geprägte Raumerfahrung auf das Visuelle; mit der Projektion auf eine Ebene wird Raum in der Zeichnung bildhaft bewusst gemacht.

Dass eine solche Methode der Tätigkeit des Architekten, der Gestaltung von Raum, enorme Vorteile bietet, liegt auf der Hand. So erfolgt in der gegenwärtigen pragmatischen Ausübung von Architektur die Vermittlung von Raumkonzepten nach wie vor mehrheitlich über die Anschauungsbilder der gezeichneten Perspektive. Entsprechend der konstruktiven Gesetze werden die räumlichen Objekte zunächst linearperspektivisch dargestellt. Danach wandelt man das konstruktiv abstrakte Bild durch Farbgebung und Schattenkonstruktion in eine realistische Darstellung (Rendering) um. Über klar bestimmbare Koordinaten, die sich in ihrem grundsätzlichen konstruktiven Aufbau kaum von denen auf Raumdarstellungen der Renaissance unterscheiden, besteht die Möglichkeit, räumliche, lineare Verhältnisse von Objekten im Raum zu überprüfen. Ein

Nachteil besteht darin, dass der Standpunkt des Betrachters fixiert ist beziehungsweise immer auf ihn ausgerichtet ist.

Anzumerken ist, dass sich die Darstellungsformen in einem enormen Tempo weiterentwickelt haben. Der ständige Rationalisierungsprozess in der Planung von Gebäuden hat über das Computer Aided Design (CAD) eine allgemeinverbindliche Zeichensprache ermöglicht, die auf der Grundlage der perspektivischen Zeichnung aufbaut. In der Baupraxis erweitern und vervollständigen die unterschiedlichen am Bau beteiligten Ingenieure diese Dokumente mit Daten.

Eine logische, konsequente Weiterentwicklung ist das Building Information Modelling (BIM). BIM ist eine interdisziplinäre und vernetzte Methode, um die Planungs- und Bauprozesse hinsichtlich Kosten, Termine und Qualitäten zu optimieren. Dies geschieht mit einem virtuellen Datenmodell, das alle relevanten Gebäudedaten digital erfasst und transparent macht. Tatsächlich sind mit dieser Methode einige – vor allem finanzielle – Vorteile verbunden, da sie die Verknüpfungen der einzelnen Gewerke optimiert und die Effizienz im Bauprozess fördert. Auf diese Weise werden Teilaspekte des Bauens deutlich wirtschaftlicher und für Investoren aufgrund der Planungstransparenz besser zu kalkulieren.

Mit dieser datenbasierten Methode mag die Baupraxis zwar verbessert und für alle Beteiligten transparenter werden, eine umfassende qualitative Raumbeschreibung, die die sinnlich-ästhetischen Bedürfnisse der Nutzer mit dem gebauten Raum verbände, ist mit ihr jedoch keineswegs gegeben. Denn während in diese wie auch andere auf der Linearperspektive beruhende Methoden ausschließlich visuelle Wahrnehmungen eingehen, interagieren in der menschlichen Wahrnehmung optische, akustische, haptische und olfaktorische Signale. Deren neurophysiologische Bearbeitung und die darauf aufbauende aktive Aneignung der Umwelt konstituieren den Raum unserer Erfahrung. Gesehener und gehörter Raum sind also nicht voneinander zu trennen, sondern bilden eine funktionale Einheit.

Der Blinde hingegen ist in der Tastwahrnehmung auf den Bezug zu seinem Körper angewiesen. Das heißt, er kann Entfernungen weitestgehend nur so weit erfahren, wie seine Hände reichen. Blinde haben daher Schwierigkeiten, sich vorzustellen, dass unsere Sinne so weit tragen und somit so weit empfinden können. Große Entfernungen können sie sich nur mittels der Zeit vorstellen, die man benötigt, um dorthin zu gelangen.

2. Methoden der Raumaneignung in der Kunst

Heute dominiert die Zentralperspektive unsere Aneignung von Raum wie auch unsere Seh- und Wahrnehmungsgewohnheiten. Dies lässt leicht vergessen, dass sie in der Renaissance entwickelt wurde: Es handelt sich um ein historisch gebundenes, soziokulturell abhängiges Phänomen. Ein Blick in die Kunst zeigt, dass es im 14. und 15. Jahrhundert in Italien das Bedürfnis gab, Raum »realistisch« abbilden zu können, und sich in Abhängigkeit von entsprechenden wissenschaftlichen Erkenntnissen die Linearperspektive als geeignetes Verfahren durchsetzte. Während Giotto, beispielsweise in seinem Wandbild *Vertreibung Joachims aus dem Tempel* (Cappella degli Scrovegni oder Arenakapelle, Padua, 1304–06), das Problem der realen Darstellung noch empirisch zu lösen versucht und die Linearperspektive nur teilweise angewandt hatte (Abb. 1), gilt Masaccios *Dreifaltigkeit* (S. Maria Novella, Florenz, 1425) als deren erste konsequente Anwendung (Abb. 2). An sich ein Wandbild, wird dem Betrachter der Eindruck vermittelt, als öffne sich vor ihm eine Kapelle, in der sich die heiligen Personen aufhalten; er blickt auf das himmlische Geschehen, als gehörte es zu seiner eigenen Welt. Das Bild bezieht den Betrachter also ein und positioniert ihn in seiner Ausrichtung auf die Darstellung – wenn auch auf einen festen Standpunkt hin: Verlässt er diesen, nimmt er die Darstellung nicht mehr in idealer Weise wahr.

Abb. 1: Giotto, Vertreibung Joachims aus dem Tempel. Arenakapelle, Padua, 1304–06. Entnommen aus: https://commons.wikimedia.org/wiki/File:Giotto_-_The_Expulsion_of_Joachim_from_the_Temple.jpg

Der Kunsthistoriker Hans Belting fasst zusammen: »Der perspektivische Blick war eine der aufsehenerregendsten Entdeckungen der Renaissance und bewirkte den größten Einschnitt in der Geschichte der westlichen Kunst. Das perspektivische Bild ist heute allgegenwärtig und wird in die ganze Welt exportiert. Seine Dominanz lässt jedoch vergessen, dass es keineswegs unser natürliches Sehen abbildet« (Belting 2008). Der weitere Blick in die Kunst verdeutlicht, dass es in Abhängigkeit von Ort und Zeit verschiedene Raumauffassungen gibt und sich unterschiedliche Weisen des Sehens und der Wahrnehmung herausgebildet haben. Ein Beispiel dafür sind russische Ikonen, bei denen

Abb. 2: Masaccio, Dreifaltigkeit. S. Maria Novella, Florenz, 1425. Entnommen aus: https://
commons.wikimedia.org/wiki/File%3AMasaccio%2C_trinit%C3 %A0.jpg

ganz eigene Darstellungsprinzipien angewandt wurden. Sie folgen nicht den
Regeln der Perspektive, in der alle Gegenstände, Flächen und Kanten auf einen
Punkt ausgerichtet sind, und vermitteln zunächst – zumindest dem an per-
spektivische Darstellungen gewöhnten Auge – den Anschein von künstlerischer
Unzulänglichkeit. Die Brüche der Perspektivregeln sind jedoch nicht zufällig

entstanden, sondern lassen sich auf eine bewusste künstlerische Konzeption und einen bestimmten Gestaltungswillen zurückführen. Der Philosoph und Kunsttheoretiker Pawel Florenski etwa spricht von einer »umgekehrten Perspektive« und führt den Begriff der Heterozentrik in der Darstellung ein: »Die Zeichnung ist so konstruiert, als würde das Auge seinen Ort wechseln, wenn es ihre verschiedenen Teile betrachtet« (Florenski 1997, S. 19). Perspektivwechsel ermöglichen hier also unterschiedliche Wahrnehmungsräume.

Ganz bewusste Verstöße gegen die Regeln der Linearperspektive begingen die Kubisten zu Anfang des 20. Jahrhunderts. »Die herkömmliche Perspektive befriedigt mich nicht. Sie geht von einem Standpunkt aus und verlässt ihn nie.« So äußert sich Georges Braque, und in der Folge kommt es zu Bildfindungen, die sich den Zwängen der planperspektivischen Raumidee verweigern und stattdessen dezentrierte räumliche Erfahrungen ermöglichen. Sein Bild *Violine und Krug* (1910) beispielsweise bricht mit der konkreten Form und löst sich in eine Vielzahl einander überschneidender und durchdringender Flächen auf. Hier wird der eindimensionale, standpunktfixierte Blick auf die Gegenstände durch eine mehrperspektivische Sicht der Dinge ersetzt, sodass der Betrachter meint, die Gegenstände von unterschiedlichen Standpunkten aus zu sehen.

Freilich: Auf diese Weise wurde die neuzeitliche Raumauffassung korrigiert und auch kritisiert, doch der Vielschichtigkeit der räumlichen Erfahrung ist damit noch lange nicht hinreichend Rechnung getragen. Die Kubisten mögen andere Raumauffassungen einbezogen und auf diese Weise differenzierten sinnlichen Beschreibungsmodalitäten Rechnung getragen haben – aber indem sie sie im Visuellen zusammenführten, trugen sie die Hegemonie des visuellen Modells über andere sinnliche Eindrücke reflektierende Modelle weiter.

3.   Rationalisierung, Objektivität und Bildhaftigkeit in der Produktion von Architektur

Als eine Folge der der Linearperspektive inhärenten Objektivierungs- und Rationalisierungstendenzen lässt sich die politisch motivierte Entwicklung moderner Städte sehen. Ein Beispiel ist die Haussmanisierung (1853–1869), mit der in Paris die geometrisch geordnete Stadt als Ausdruck politischer Macht vollzogen, die Perspektive geradezu als ein Macht- und Kontrollinstrument eingesetzt wurde. Ein städtebauliches Idealbild mit überschaubaren Straßenfluchten. Die so erreichte Wirksamkeit des idealisierten Stadtumbaus entsprach den imperialistischen Interessen bedingungslos: Der Kaiser, Napoleon III., verlangte nach weitläufigen, übersichtlichen Straßenzügen; nicht zuletzt auch deshalb, weil durch diese Maßnahmen eine bessere Kontrolle bei aufkommenden Widerständen gewährleistet war. Dass enge Gassen das Errichten von Barrikaden zwecks Widerstands gegen die Staatsgewalt begünstigten, hatte die Julirevolution von 1830 bereits gezeigt; sie bedeutete den Sturz des französischen Adels und die Machtergreifung des Bürgertums. Solche Situationen sollten für die Zukunft ausgeschlossen werden.

Rationalisierung war auch eine Leitvorstellung, der die in den 1920er Jahren, unter anderen von Le Corbusier entwickelten, Typenhäuser folgten. Sie waren mit Typenelementen zu realisieren; die Parzellen sind gleich, die Anordnungen der Baukörper regelmäßig. Die architektonische Besonderheit besteht in der fabrikmäßigen Herstellung sämtlicher Bauteile. Hinter diesem städtebaulichen Entwurf stand die Idee, ein serienmäßig hergestelltes Typenhaus für den »Durchschnittsmenschen« zu entwickeln; damit wurde eine Gleichschaltung menschlicher Verhaltensweisen vorausgesetzt. Ein humorvoller Kommentar auf die kleinen Wohnparzellen ist eine Collage Albrecht Heubners aus dem Jahr 1928 (Abb. 3). In seiner winzigen »Mindestwohnung«, einer Negativutopie des städtischen Bauens, kann ein erwachsener Mensch nur stehen, wenn er sich bückt und die Arme fest um seine Waden legt.

Abb. 3: Heubner, Albrecht (1908–45): Minimal Dwelling, project (From Joost Schmidt's Bauhaus Design Course), c. 1928. New York, Museum of Modern Art (MoMA). »© Photo SCALA, Florence«

Ebenso wurden im Zuge der Stadtwiederaufbauphase nach dem Zweiten Weltkrieg in Deutschland größtmögliche Raumkontingente entwickelt, und zwar mit geringstem Kostenaufwand. Sie wurden lediglich funktionalen ökonomischen und rationalen Gesichtspunkten gerecht, wie etwa auch die Zeil, die Fußgängerzone in Frankfurt am Main (Abb. 4).

Abb. 4: Zeil, Frankfurt am Main, im Jahr 1994

Bis heute zieht sich dieses Prinzip der linearen Optimierung in die Raumproduktion hinein. Eine solche Auffassung von Architektur als kapitalvermehrendes Produkt lässt sich gut am Bild der Konservendose vermitteln. Wie bei der Dose, wo mit minimalem Materialaufwand größtmöglicher Rauminhalt produziert wird, geht es auch bei Renditeimmobilien darum, mit geringstem finanziellen Aufwand und unter Anwendung effizienter Standards maximale Geschossflächen herzustellen; ermittelt nach dem mathematischen Prinzip der linearen Optimierung. Dann wird ein Etikett aufgeklebt: das Label, das nach außen wirkt – die Fassade.

Nicht nur Ausdruck von Objektivierungs- und Rationalisierungstendenzen, verdeutlicht eine solche Auffassung der Fassade weiterhin die heute im Vordergrund stehende Auffassung von der Bildhaftigkeit von Architektur, die auch aktuelle Diskurse prägt. So betitelt die renommierte Fachzeitschrift DETAIL ein von ihr veranstaltetes Symposium: »Fassade – Trends und Perspektiven zur Gebäudehülle«. Im Begleittext heißt es: »Sie fungiert als Schnittstelle zwischen Innen und Außen, übernimmt die Kommunikation mit der Umwelt und bestimmt entscheidend das Aussehen des Gebäudes – die Fassade. Sie vereint Ästhetik, Technik und Funktion. Ihr Erscheinungsbild ergibt sich aus dem

Zusammenspiel der vielfältigen Anforderungen. Durch technische und methodische Weiterentwicklungen entstehen neue Gestaltungskonzepte und in-
tegrative Lösungen. Dies ermöglicht den Architekten immer mehr Flexibilität
und Freiheit für Entwurf und Umsetzung« (http://www.detail.de/artikel/fassa
de-trends-und-perspektiven-zur-gebaeudehuelle-25735/).

Zunächst einmal ist die angepriesene »Flexibilität und Freiheit für Entwurf
und Umsetzung« nur schwerlich zu verstehen – ist der Innenraum doch häufig
standardisiert und von bautechnischen Regularien besetzt. Darüber hinaus jedoch macht dieser Text auch einen signifikanten Paradigmenwechsel deutlich.
Einst nach dem Gesicht, im Lateinischen »facciata«, benannt, wurde die Fassade
in der Architekturgeschichte unter Anknüpfung an diesen Bedeutungsgehalt
immer wieder thematisiert. Ein solcher – in gewisser Weise naiver – Anthro-
pomorphismus basierte auf der Vorstellung, dass menschliche Gliedmaßen der
Architektur einen humanen Duktus verleihen würden. Demgegenüber erscheint
die Fassade heute vom restlichen »Baukörper« gelöst. Ursprünglich ein Teil des
architektonischen Ganzen, steht sie weder zum inneren noch zum äußeren
Raum in einem Dialog. Ihr Aussehen, meist ein Resultat technischer Möglichkeiten, ist lediglich ein Gegenstand unserer Bildrezeption. Was wiederum Folgen
für unser leibliches Erleben von Architektur hat: Indem wir sie als zweidi-
mensional rein visuell wahrnehmen, bleiben andere sinnliche Beschreibungsmodalitäten ausgeschlossen; damit ist letztlich verbunden, dass wir die Fähigkeit verlieren, qualitative Raumeindrücke wahrzunehmen und zu beschreiben –
Leiblichkeit als Bezugsfeld aktualisierender Raumerfahrung und Raumbeschreibung wird immer weiter verdrängt.

4.   Parametrismus: eine Alternative?

Gibt es also Alternativen zur Linearperspektive? Eine aktuell höchst einfluss-
reiche Entwurfsmethode ist der Parametrismus, der tatsächlich anderen Leit-
vorstellungen folgt. Die organisatorischen und formalen Möglichkeiten der digitalen Informationsaufbereitung (»Computation«) für architektonisches und
städtebauliches Entwerfen nutzend, basiert hier ein Entwurf auf einer Anzahl
von Parametern: Verändert man einen der Eingabewerte, werden alle abhän-
gigen Varianten entsprechend angepasst. Solche Parameter werden aus den
globalen Organisations- und Informationsflüssen herausgefiltert und algorith-
misch nach Eingabe bestimmter Schlüsselwerte für die jeweilige Aufgabe berechnet und ausgegeben.

Auf ästhetischer Ebene sind die Architekturen durch freie, fließende Formen
gekennzeichnet, deren Ursprung überwiegend in den morphologischen Strukturen der Natur gesehen wird. Darüber hinaus ist festzustellen, dass sich das

parametrische Entwerfen in erster Linie auf die Gestaltfindung konzentriert: Es sollen individuelle Formen entstehen, mit jedem einzelnen Gebäude soll ein Unikat geschaffen werden.

Ohne parametrischen Generierungsprozess kaum denkbar ist beispielsweise die Entwicklung der Fassade der Europäischen Zentralbank in Frankfurt am Main (Entwurf: Coop Himmelb(l)au; 2010–15), die aus hunderten verschiedener Fassadenelemente in unterschiedlichen Größen und Geometrien berechnet wurde. Dies gilt ebenso für das primäre, gestaltprägende Tragsystem der beiden Hochhaustürme. Die Geometrie der zwischen ihnen befindlichen Streben (Abb. 5) wurde parametrisch generiert. »Die dabei angewandte Methode kann man als probabilistischen Generierungsprozess bezeichnen: Die Tragwerksplaner starteten mit einer zufälligen Strebenanordnung, untersuchten diese nach Kriterien der Steifigkeit und Eigenfrequenz, entwickelten neue, nun verbesserte Anordnungsvarianten und errechneten in einem interaktiven Prozess die optimale Strebengeometrie« (Santifaller 2013, S. 45).

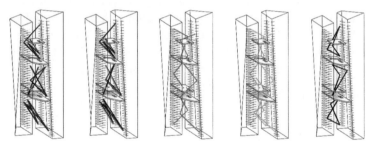

Abb. 5: EZB: Parametrischer Generierungsprozess der Strebenanordnung, 2013. Entnommen aus: Bollinger + Grohmann. DETAIL engineering 3, hg.v. Christian Schittich; Peter Cachola Schmal (Institut für internationale Architektur-Dokumentation). München, S. 42–47

Die Protagonisten dieser Entwurfsmethode sprechen von einem neuen »International Style« (Schumacher 2009). In der Hochphase systematischer Innovationen befindlich, sehen sie in dieser Stilrichtung eine wirkliche Nach-Moderne heraufziehen, die den Raumbegriff der Moderne hinterfragt, ihn sogar aufzulösen verspricht. Räume werden hier nicht mehr in den gängigen Kategorien –Tektonik, Proportion, etc. – definiert, sondern entstehen aus der Annahme, dass eine zunehmende Komplexität gesellschaftlicher Prozesse eine neue Raumdebatte benötigt, die sich den gängigen ästhetisierenden Gestaltungsansprüchen der Moderne verweigert.

Der Parametrismus gilt als eine adäquate Lösung der Herausforderung, die die zunehmende Komplexität unserer Welt und die Vielfalt der Phänomene an Architektur und Städtebau stellen (Schumacher 2009). Darüber hinaus ist festzustellen, dass sich beim parametrischen Entwerfen die Konzentration in erster

Linie auf die Gestaltfindung richtet: Es sollen individuelle Formen entstehen, mit jedem einzelnen Gebäude soll ein Unikat geschaffen werden.

Mit dieser Entwurfsmethode und den dazugehörigen Computerprogrammen verfügt der Entwerfer über alle für den Bauprozess wichtige Tools, die die verschiedenen Informationen miteinander verknüpfen. Sämtliche entsprechend dieser Methode entwickelten Bauelemente können passgenau und ökonomisch effizient hergestellt werden. Die Vorfertigung der Elemente ist computergesteuert (CNC-Frästechnik), sie werden auf der Baustelle montiert beziehungsweise komplettiert. Ein Nachteil dieses Vorgehens ist, dass die Nachfrage nach handwerklicher Leistung immer stärker in den Hintergrund gerät und dem Handwerker lediglich die Montage der Elemente zu tun bleibt.

Auf theoretischer Ebene ist festzustellen, dass – wie die Linearperspektive und die mit ihr entworfenen Räume – auch der Parametrismus und seine Architekturen einem Konzept folgen, das eine vieldimensionale sinnliche Raumerfahrung vernachlässigt. Zwar ist das Visuelle hier nicht mehr ausschlaggebend, doch folgt daraus nicht, dass nun die anderen Sinne einbezogen würden; vielmehr treten diese nun gar nicht mehr in Erscheinung.

5.   Skizze eines an qualitativen Aspekten orientierten Ansatzes

Wie lassen sich demgegenüber räumliche Sachverhalte und damit auch Architektur entwickeln durch andere, auf einer umfassenden sinnlichen Raumerfahrung basierende Modelle? Wie sind Gebäude herzustellen, die auf die Geschichte ihres Ortes reagieren und von gesellschaftlicher und kultureller Relevanz sind? Eine einzige »richtige Methode« gibt es wohl nicht. Doch eine mögliche Antwort möchte ich hier skizzieren.

Sie setzt daran an, dass wir Architekten wieder dazu übergehen, uns bei jedem Entwurf die jeweilige Aufgabe bewusst zu machen. Für wen entwerfen wir? Welche Größen legen wir zugrunde? Welche Bedürfnisse sind mit aufzunehmen? Hierbei handelt es sich um bedeutende entwurfsrelevante Fragen, die jedoch von vielen Vertretern des Parametrismus häufig nicht gestellt werden; sie liegen außerhalb der gängigen Tendenz, »Entwurf« als pure Erscheinungsform zu betrachten, die sinnliche Qualitäten unberücksichtigt lässt. Aber genau diese Entwurfsparameter bestimmen das Erscheinungsbild von Architektur erheblich. Zudem geben sie Auskunft über ortsspezifische Qualitäten – wie klimatische Besonderheiten, das materielle Umfeld, die topographische Verformung –, die uns den Raum mit allen Sinnen erleben lassen und uns als Nutzer auch leiblich ergreifen; denn Architektur ist eine Erscheinungsform im energetischen Feld und nicht nur ein einzelnes Objekt, das aus Teilelementen der Bauindustrie besteht.

Dieser Ansatz führt zu einer eigenen Darstellung der Eigenschaften von Architektur. Ein Gebäude unterbricht und leitet Luft- und Lichtströme; reflektiert und absorbiert – je nach Material und Oberflächen – Strahlungen; verweigert oder öffnet sich diesen Energieströmen; speichert oder transformiert sie. Alles zirkuliert. Ein Gebäude modifiziert sein Umfeld, das Umfeld modifiziert das Gebäude. Ein Gebäude wirft einen Schatten, dessen Zugehörigkeit uns nicht klar ist – gehört er zum Gebäude oder zur Fläche, auf der es steht, oder bildet er einen eigenen Raum?

Im Fokus dieser Perspektive stehen energetische und materielle Qualitäten von Architektur. Ihr Bezugspunkt ist die Leiblichkeit der Nutzer: der menschliche Körper mit all seinen Sinnen, der das wichtigste Orientierungssystem zur Verfügung stellt, um komplexe sinnliche Reize zu bearbeiten und zu bewerten. In diesem interaktiven Zusammenspiel zwischen Raum und uns als seinen Nutzern können wir in kürzester Zeit darüber Auskunft erteilen, ob wir einen Raum als angenehm oder unangenehm empfinden und ob wir uns in ihm aktiv oder passiv verhalten. Entsprechend vertreten Anhänger einer anthropologisch orientierten Architektur als ihre zentrale Position, dass die Natur eines Raumes nur über die Bewegung seiner Nutzer zu einem leiblichen Erlebnis werden kann.

Allerdings ist Atmosphäre, also eine bestimmten Raumwirkung, nicht messbar, nur ungenau zu definieren und nur eingeschränkt analytisch zu begründen; ihre diffuse Beschaffenheit erschwert es, sie zu planen, darzustellen oder sich über sie zu verständigen. Ein erster Schritt kann sein, Raumwirkung über den Einsatz von Licht, Materialien und akustischen Qualitäten zu steuern und zu kontrollieren – allgemein formuliert: Das Repertoire raumbildender Elemente und der Stimulierung von Sinneseindrücken zum aktiven Erleben im Raum kann dazu beitragen, Atmosphäre planbar zu machen. Hier weitere Lösungen zu finden, ist von weitreichender Bedeutung für das Verständnis von Raum und räumlicher Wahrnehmung und mithin von entscheidender Bedeutung für das Selbstverständnis des Architekten. In der Konsequenz erhalten wir als Nutzer die Chance, uns als Teilhaber an und in der Architektur zu erleben.

Während das distanzierte Betrachten ästhetischer und funktionaler Räume den Nutzer zum Konsumenten seiner Umwelt macht, erscheinen Stadt, Architektur und der direkte Umgebungsraum in dem an qualitativen Aspekten orientierten Ansatz als Teil eines komplexen Lebensgefühls, das alle Sinne des Nutzers einbezieht und einen kreativen Handlungsraum entstehen lässt. Obwohl sich die oben beschriebenen neuen, auf Effizienz ausgerichteten und auf Eigenständigkeit im Entwurf fokussierten Methoden nicht mehr wegdenken lassen, haben sich im Bezug auf das Gesamterlebnis von Stadt, Architektur und Raumgestaltung Defizite offenbart, die bei vielen Architekten und auch Nutzern den Wunsch nach einer mehrdimensionalen sinnlichen Wahrnehmung aufkommen lassen.

Zusammenfassend lässt sich sagen: Architektur mag funktionalen Anforderungen wie auch dem Bedürfnis nach Bildhaftigkeit entsprechen, jedoch ist die Balance zwischen rationalen Erfordernissen und sinnlichen Qualitäten wieder angemessen herzustellen und die Komplexität der Entwurfsaufgabe immer wieder neu zu definieren, weil der Nutzer über seine Aktivität im Raum stärker herausgefordert und mit einbezogen werden möchte.

Literatur

Belting, Hans (2008): Florenz und Bagdad. Eine westöstliche Geschichte des Blicks. München.

Florenski, Pawel (1997): Raum und Zeit. (Deutsche Ausgabe) Berlin.

Santifaller, Enrico (2013): Symbolische Metamorphosen – das Gebäude der Europäischen Zentralbank. In: Schittich, Christian/Cachola Schmal, Peter (Hrsg.), Bollinger + Grohmann. DETAIL engineering 3. München, S. 42–47.

Schumacher, Patrik (2009): Parametrismus. Der neue International Style. In: ARCH+ 195. Zeitschrift für Architektur und Städtebau. http://www.patrikschumacher.com/Texts/ Parametrismus%20%20-%20Der%20neue%20International%20Style.htm.

Claus Grupen

Gestalten mit Michelangelo

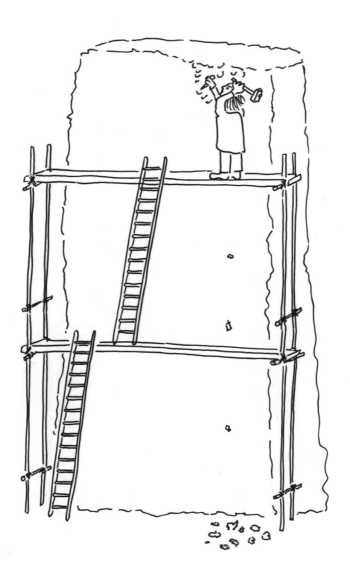

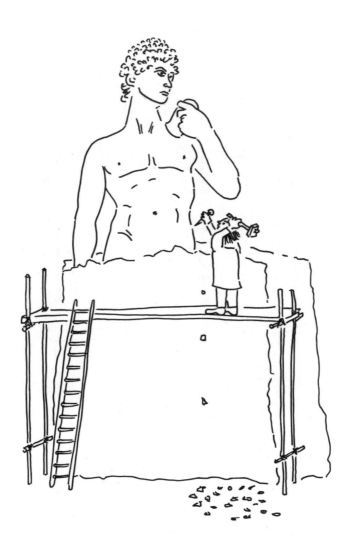

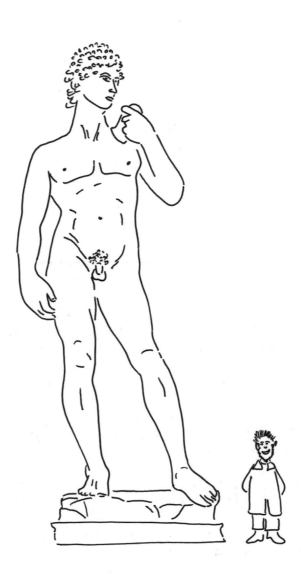

Andreas Zeising

»Bildendes Schaffen mehrt die Erkenntnis der Welt«. Gestaltungslehre bei Alfred Ehrhardt, Max Burchartz und Gerhard Gollwitzer

Dass Gestaltung als Elementarprinzip jeder kreativen Betätigung und Ausein-andersetzung mit der Umwelt anzusehen sei, gehört zu den Glaubenssätzen der künstlerischen Moderne (vgl. Franz 2006). Die in den Zwanziger Jahren be-gründete Disziplin Design unterschied sich denn auch vor allem darin von ihren Vorläufern, also den vielfältigen Reformströmungen auf dem Gebiet der ange-wandten Kunst, die es seit Mitte des 19. Jahrhundert gegeben hatte, dass sie es unternahm, Gestaltung selbst zum Gegenstand der Lehre und der theoretischen Auseinandersetzung zu machen (Hirdina 2001, S. 52 ff.). Nicht zufällig nannte sich das von Walter Gropius begründete Bauhaus seit 1926 »Hochschule für Gestaltung«, eine Bezeichnung, die bis heute Nachfolge findet. Als Vermittlung vermeintlich universeller Grundbegriffe und Gesetzmäßigkeiten ist Gestal-tungslehre ein nicht mehr wegzudenkender Bestandteil der Ausbildung in kreativen Fächern. Dass diese indes immer auch an zeitbedingte Ideologeme gekoppelt war und gesellschaftliche Entwicklungen reflektierte, will der vorlie-gende Text an drei konkreten Fallbeispielen, nämlich den Lehrbüchern von Alfred Ehrhardt (1901–1984), Max Burchartz (1887–1961) und Gerhard Goll-witzer (1906–1973) skizzieren, die alle drei in der Grundlehre der Künstler- und Designerausbildung tätig waren.

»Die moderne Situation erfordert von Grund auf eine neue Gestaltung auf allen Gebieten im Sinne einer *organischen Gestaltung* als dringendes Aus-drucksbedürfnis des modernen Menschen und als Darstellung von lebendigen Gesetzlichkeiten der stofflichen und geistigen Materie. Das gegenseitige Durchdringen dieser beiden Hauptmomente ergibt das neue Werk, die neue unsgemäße innere und äußere Form. Sie ist nur auf dem Wege einer schöpfe-rischen Erziehung auf allen Gebieten erreichbar« (Ehrhardt 1932, S. 7). Bereits die einleitenden Bemerkungen aus Alfred Ehrhardts 1932 erschienener »Ge-staltungslehre« werfen ein Licht auf die utopischen Erwartungen, die man in der Ära des Modernismus an Fragen der Gestaltung herantrug. Ausgehend von der Erfahrung einer epochalen Daseinswende, die der technologische und szien-tistische Fortschritt bewirkt hatte, bedurfte die kreative Praxis, wie Ehrhardt meinte, eines grundlegend gewandelten Fundaments. Das »neue Werk« und die »unsgemäße« Form konnten allenfalls am Ende eines Prozesses der »schöpferischen Erziehung« stehen, der darauf zielte, zunächst die »lebendigen Gesetzlichkeiten« der Gestaltung, seien sie materieller oder geistiger Natur, innerlich zu ›durchdringen‹. Gestaltungslehre »ist die Lehre von der Form, jedoch mit Betonung der dahin führenden Wege«, so drückte es Paul Klee 1921 aus (zit. nach Hirdina 2001, S. 52).

Neu war daher, dass man nicht mehr nur die Vermittlung technischer und handwerklicher Kompetenzen für erforderlich hielt, sondern Gestaltungslehre als Elementarerziehung verstand, die die Bildung der Persönlichkeit umfasste – als Bindeglied zwischen einer allgemeinen Pädagogik und ästhetischer Welterfahrung. Es war Johannes Itten, der mit seinem »Vorkurs« am frühen Weimarer Bauhaus dafür Grundlagen legte, die einen langen Nachhall fanden (vgl. Wingler 1977; Wick 2000; 2009). Inspiriert durch Oswald Spenglers kulturpessimistische Prognose einer drohenden Menschheitsdämmerung der wissenschaftlich-technischen Zivilisation (vgl. Itten 1975, S. 8), konzipierte Itten seinen Vorkurs als fundamentales (Um-)Erziehungsprogramm, in dem lebensreformerische Ideen und Ansätze zu gestalterischer Elementarschulung, wie sie seit 1900 verschiedentlich erprobt worden waren, zu einer ästhetisch-weltanschaulichen Grundlehre verknüpft wurden, die »den Menschen in seiner Ganzheit als schöpferisches Wesen« in den Blick fassen sollte (ebd.). Itten, seinerseits Schüler des Stuttgarter Malers Adolf Hölzel, ging es dabei um eine »elementare Formlehre« – so die Bezeichnung im bekannten Schema der Bauhauslehre von 1919 –, die in die »Grundgesetze bildnerischen Gestaltens« (ebd., S. 7) einführen sollte. Über die eigene sinnliche Erfahrung sollten die Studierenden an die Wirkung von Helligkeit und Farbe, Materialität und Textur sowie Form und Bewegung herangeführt werden. Nicht technisch avancierte Werkstattarbeit, sondern einfachste Übungen und Erkundungen im Rahmen einer »allgemeine[n] Kontrastlehre« (ebd., S. 9) sollten für das ›Wesen‹ der Gestaltung sensibilisieren. Der von den Studierenden durchaus kontrovers beurteilte Pflichtkurs, der durch Atemübungen und gemeinsame Gymnastik begleitet wurde, sollte nach Ittens Absicht dazu dienen, vorgefasste Meinungen und antrainierte Fähigkeiten abzulegen. Es war ein Reset, der für die Gestaltungbedürfnisse einer neuen Zeitordnung empfänglich machen sollte.

Gestaltung für den wirklich modernen Menschen: Alfred Ehrhardt

Anknüpfend an die Elementarausbildung am Bauhaus, die nach Ittens Weggang von László Moholy-Nagy und Josef Albers in anderer Weise fortgeführt und systematisiert wurde, war Alfred Ehrhardts »Gestaltungslehre« eines der dezidierten Lehrbücher zum Thema, die auf dieser Lehre aufbaute, wenngleich es vor allem als Grundlage für den schulischen Kunst- und Werkunterricht gedacht war. Ehrhardt, der zunächst als Kunsterzieher im reformpädagogisch ausgerichteten Landerziehungsheim Max Bondy in Bad Gandersheim im Harz tätig gewesen war, hatte Ende der Zwanziger Jahre selbst am Bauhaus studiert (vgl. Stahl 2007). 1930 wurde er Dozent für Materialstudien an der Landeskunstschule Hamburg.

Ehrhardts Lehrbuch war indes nicht mehr von jenem lebensreformerischen Eifer beflügelt, der das noch experimentell geprägte frühe Bauhaus gekennzeichnet hatte. Entstanden in einer Zeit, als das Bemühen um die ›Industrieform‹ und die Folgen der Weltwirtschaftskrise die Designdiskussionen bestimmten, spiegelte sich in ihm ein gewandeltes Zeitbewusstsein. Mehr noch als für Itten, war Gestaltung für Ehrhardt eine Frage der Weltanschauung. Ein unterkühlter Tonfall der Entschlossenheit durchzieht das Buch, dessen Grundklang ein behauptetes »Mißverhältnis zwischen modernem Leben und veralteten Formen« ist, das »zu schweren Hemmungen und großen Unklarheiten, zu Verwirrung und chaotischer Unordnung geführt« hatte, wie Ehrhardt beklagte: »Unser Weltbild macht eine starke Wandlung durch. Eine große, alte, zu Ende gelebte Kultur geht unter«, ließ er die Leser mit kulturpessimistischer Attitüde wissen (Ehrhardt 1932, S. 122). In einer Epoche äußerer Umwälzungen und innerer Erschöpfung komme es darauf an, »elementare schöpferische Kräfte im Kind und jungen Menschen freizulegen mit dem Endziel, sie zu aktivieren und am Aufbau der kommenden Zeit zu beteiligen« (ebd., S. 14). Den Weg dorthin sollte nach Ehrhardts Verständnis eine Gestaltungslehre bahnen, die mit dem Bemühen um Präzision und Klarheit dem realistischen Geist des wirtschaftlich und technisch dominierten Zeitalters entsprach. Ehrhardt zog dazu in seiner Lehre die Quintessenz aus Ittens Materiestudien, Moholy-Nagys Anleitung zur Schulung der haptischen und optischen Sinne und Albers' Materialübungen (vgl. Stahl 2007, S. 124). Hatte Itten auf Ausdrucksübungen zur Entfaltung der individuellen Persönlichkeit gesetzt, so dachte Ehrhardt, darin seinerseits durch den Vorkurs von Josef Albers beeinflusst, vom Objekt aus: Es ging um struktive Fragen und Probleme, bei denen strikte Disziplin des Arbeitens sowie unbedingte Sparsamkeit und Ökonomie der Mittel gefragt waren. »Das fertige Werk muss ein Höchstmaß von Materialleistung und ein Mindestmaß von Materialaufwand darstellen« (Ehrhardt 1932, S. 84; Abb. 1). Im Zentrum der streckenweise tayloristisch anmutenden Übungsabläufe stand dabei das Bemühen, die konstruktiven und strukturellen Eigenschaften des Materials, verstanden als dessen »Eigenkräfte« (ebd., S. 10), zu verstehen. Die Betonung von Rhythmus, Material und Struktur als bestimmenden Faktoren der Gestaltung lag dabei im Übrigen ganz auf der Linie von Ehrhardts eigener künstlerischer Arbeit als Fotograf (vgl. Ausst.-Kat. Ehrhardt 2001).

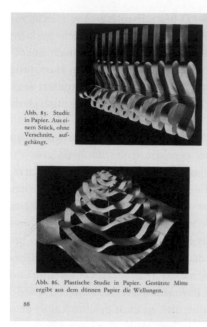

Richtung, wieder ohne Verschnitt, wie auch alle folgenden Arbeiten. Auch Abbildung 83 gibt ....Kante gestellte plastische Arbeit wieder. Diese Arbeiten sind nicht auf Fassade gearbeitet, haben ihr Gesicht also überall.
Die Arbeiten von Abbildung 84 sind beide je aus einem Stück gearbeitet. Die Endkanten sind nicht zusammengeklebt, sondern straff

Abb. 85. Studie in Papier. Aus einem Stück, ohne Verschnitt, aufgehängt.

Abb. 87. Plastische Studie in Karton. Festigkeit des Materials stützt und hält den systematischen Bau.

und scharf gekniffen, ineinandergefaltet. Material: ein Stück Papier, Werkzeug: ein Messer, Arbeitsvorgang: geschnitten und gefaltet. Auch die Arbeit in Abbildung 85 ist in dieser einfachen Weise hergestellt. Die oberen Streifen sind am Ende scharf zu Haken geknickt, an denen die Arbeit aufgehängt ist. Die Papierendkante zwischen den beiden Schleifenenden wird gehalten durch die hochgebogene Schlaufe, braucht also nicht geklebt zu werden. Die Leistungen der bisherigen Papierarbeiten waren nur durch das Material, durch festes Zeichenpapier möglich.
Dünnes Papier gibt Ergebnisse wie in Abbildung 86. Das nach-

Abb. 86. Plastische Studie in Papier. Gestützte Mitte ergibt aus dem dünnen Papier die Wellungen.

88

89

Abb. 1: Alfred Erhardt: Gestaltungslehre (1932)

Merkwürdig muten aus heutiger Sicht Bemerkungen an, in denen Ehrhardt darüber hinaus die Praxis der Gestaltung an das utopische Ziel gesellschaftlicher Verjüngung knüpfte. Gehe es doch in der Gestaltungslehre, so Ehrhardt, um nicht weniger als die Schaffung eines neuen, aktiven und energiegeladenen Typus, der als »*wirklich* moderner Mensch« sich hoffnungsfroh die eigene Zukunft erschaffe: »Dieser Mensch wird zum Bau und zur Gestaltung der notwendigen, neuen Formen fähig sein, nicht aber der heute sehr häufig anzutreffende nervöse, erlebnisunfähige, selbstzufriedene, schnell sich erschöpfende Typ« (Ehrhardt 1932, S. 10). Ob Ehrhardts Denkweise angesichts solch vitalistischer Ideen womöglich faschistoide Züge trägt (vgl. Wick 2009, S. 312), darf man bezweifeln. Eher spricht aus der »Gestaltungslehre« von 1932 die damals – freilich nicht zuletzt unter dem Eindruck der beiden politisch konkurrierenden Extreme Faschismus und Sozialismus – allerorten zu verzeichnende Radikalisierung der Moderne und ihre Hinwendung zu einer Gestaltethik des ›neuen Menschen‹, die die »Notwendigkeit der kollektiven Haltung« (Ehrhardt 1932, S. 85) in den Vordergrund stellte. Die nationalsozialistischen Machthaber betrachteten Ehrhardt als Kulturbolschewisten und enthoben ihn 1933 seines Lehramts.

Elementarerziehung zum Formerlebnis: Max Burchartz

Nach 1945 etablierte sich das Fach Gestaltungslehre erneut vielerorts als tragende Säule der Künstler- und Designerausbildung. Das gilt insbesondere für die Werkkunstschulen, den Vorläufern der heutigen Fachhochschulen, deren Ausbildungskonzepte in mancherlei Hinsicht als Wiederbelebung des Bauhaus-Gedankens gedacht waren (vgl. Winter 1977). Wenn nach den politischen und künstlerischen Irrwegen des »Dritten Reichs« ein Neuanfang möglich war, dann nur im Rückgriff auf die vermeintlich ideologisch unbelastete Moderne. Zu denjenigen, die damals als Lehrkräfte berufen wurden, gehörte Max Burchartz, der 1949 die Gestaltungslehre an der wiedergegründeten Essener Folkwang-schule für Gestaltung übernahm, an der er bereits in den Zwanziger Jahren unterrichtet hatte (vgl. Driller 2012). Burchartz' Berufung schlug auch deshalb eine Brücke zum Modernismus der Weimarer Republik, da er seinerzeit als Werbegrafiker und Fotograf selbst den Bauhaus-Stil vertreten hatte (vgl. Stürzebecher 1993; Zeising 2007; Breuer 2010).

Dass der Essener Lehrer ganz bewusst an die Lehre des Bauhauses, insbesondere an Ittens elementare Kontrastschulung anknüpfte, zeigt die erste Grundforderung, die Burchartz an die das Fach herantrug: »Die Gestaltungs-lehre muß den Studierenden einen Überblick über die möglichen sinnlichen Kontrastwirkungen vermitteln, sie muss durch Übungen seine Empfindsamkeit steigern und die wechselseitigen Einwirkungen der verschiedenen Kontrast-wirkungen aufeinander bewusst machen« (Burchartz 1953, S. 31). Die Gestal-tungslehre wurde an der Folkwangschule für Studierende aller Fachrichtungen in den ersten beiden Semestern erteilt und nahm innerhalb des Unterrichtsplans mit jeweils 16 Semesterwochenstunden, aufgeteilt auf zwei ganze Tage, den mit Abstand breitesten Raum ein (vgl. Folkwangschule für Gestaltung 1957, S. 13 f.). Den Schwerpunkt des ersten Semesters bildeten zunächst rein formale Übungen ohne darstellende Absicht mit den Mitteln der schwarz-weißen Grafik, wobei Burchartz zwischen ›Lockerungsübungen‹ und ›Gefüge‹- beziehungsweise Kompositionsübungen differenzierte (vgl. Burchartz 1958a). Die Aufgaben-stellung konnte dabei denkbar einfach sein: »Zeichnen Sie mit Tusche auf ein Blatt von der Größe von 30 x 40 Zentimetern ein Viereck und in dieses Viereck eine waagrechte Linie. Sie können das Viereck beliebig groß zeichnen, entweder in Hoch- oder Querlage oder auch quadratisch, exakt geometrisch oder frei-händig, mit der Feder oder mit dem Pinsel oder sonst einem dienlichen Gerät, also mit feinen oder kräftigeren Linienzügen« (ebd., unpaginiert). Dieses äu-ßerst freie Experimentieren verstand Burchartz, darin ganz dem Vorbild Ittens verpflichtet, als »Elementarerziehung zum Formerlebnis« (ebd.). Er war über-zeugt, dass gerade das zwangfreie Experimentieren, bei dem nicht die Befolgung starrer Regeln, sondern sinnliche Erkenntnis und Intuition den Ausschlag

gaben, das Verinnerlichen von ›Harmonie‹ und die Ausbildung eines Gespürs für
gute Gestaltung der Studierenden fördere: »Sie sehen sehr bald die Wertunter-
schiede zwischen Form und Form, zwischen Gestalt und Gestalt und erfassen,
daß nur aus psychischer Ganzheit der Urheber geschlossene, echte harmonische
Leistungen entstehen können. Sie erfassen die goldene Mitte zwischen dem
Wirken von Gefühl, Willen und Verstandeseinsatz« (Burchartz 1958b, unpaginiert).

1953 legte Burchartz im Münchner Prestel-Verlag eine Buchpublikation vor,
mit der er seine Erfahrungen an der Folkwangschule zusammenfasste (Burchartz 1953; Abb. 2). Burchartz richtete sie indes ausdrücklich nicht an Fach-
leute, sondern an »Gestaltende und alle, die den Sinn bildenden Gestaltens zu
verstehen sich bemühen« (ebd., S. 3). Dass es um mehr ging als nur fachliche
Belange, zeigte auch der Untertitel: »Bildendes Schaffen mehrt die Erkenntnis
der Welt«. Gestaltung war für Burchartz gleichbedeutend mit der sinnlichen
Aneignung der Welt, die komplementär zu ihrer begrifflich-analytischen Erklärung stand.

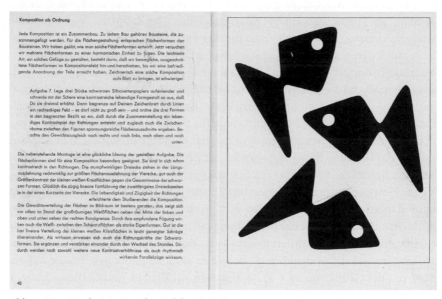

Abb. 2: Max Burchartz: Gestaltungslehre (1953)

Dem komplementären Gegensatz von Verstand und Sinnlichkeit entsprach
der progressiv fortschreitende Aufbau des Buches. Erst in den allerletzten Ka-
piteln kam Burchartz auf konkrete Fragen des Designs und der Gebrauchsgrafik
zu sprechen. Dafür schickte er als Prolegomena eine Reihe von Beobachtungen
zur kindlichen Kreativität und ihrem entwicklungspsychologischen Stufengang

voran. Das war zeitgeistig, war die Rede vom ›schöpferischen Kind‹ doch damals
so sehr in aller Munde, »daß man schon daraus die ästhetische Verwirrung
unserer Epoche (…) ablesen kann«, wie der Kunstpädagoge Hans-Friedrich
Geist es 1952 ausdrückte (Geist 1952). Wie so oft stützte sich Burchartz dabei auf
geläufige populärwissenschaftliche Literatur, in diesem Falle Wolfgang Grö-
zingers kurz zuvor ebenfalls bei Prestel erschienene Untersuchung »Kinder
kritzeln, zeichnen, malen« (Grözinger 1952), zog daraus aber seine eigenen
Schlüsse. Für Burchartz stellte der intuitive elementare Schaffensdrang des
Kleinkindes den Modellfall jener vorurteilsfreien und absichtslosen ästhetischen Praxis dar, um die es bei der elementaren Gestaltungslehre gehen sollte.

Der Unterricht, wie ihn Burchartz verstand, war daher keine strenge Lehre,
sondern eine offene, wesentlich auf Diskussion des Geschaffenen setzende Anleitung zum selbstständigen Sehen und Begreifen. Im Mittelpunkt stand dabei,
wie einst im Weimarer Vorkurs, die Vorstellung einer ganzheitlichen Persön-
lichkeitsbildung. Es steht außer Frage, dass Burchartz' Konzeption in dieser
Hinsicht als Reaktion auf die negativen Erfahrungen der nationalsozialistischen
Zwangsherrschaft zu verstehen ist und auf ihre Weise den demokratischen Geist
der jungen Bundesrepublik widerspiegelt. Dass sich in dieses humanistische
Bemühen auch eine Spur Intellektfeindlichkeit und Kulturkonservatismus
mischte, ist eine ebenso zeitgeistige Komponente, die den Erfahrungen seiner
Generation geschuldet war: »Ich glaube, daß kaum je die Besinnung auf
schauendes Erleben so notwendig war wie heute, weil es als innere Sammlung
ein Gegengewicht sein könnte gegen die einseitig rationale, auf technische Be-
herrschung und Ausbeutung der Naturkräfte gerichtete Einstellung der Menschen der Gegenwart mit ihrer Gefahr der entpersönlichenden Vermassung«
(Burchartz 1958a, unpaginiert). Solche Skepsis fügte sich in die Stimmungslage
einer Zeit, deren beständige Sorge um das »Menschenbild« etwa in den
»Darmstädter Gesprächen« ihren Niederschlag fand, wo man ausgiebig über
Defizite an wahrer Humanität, Seelenkälte und sinnliche Verkümmerung de-
battierte, die als Verlustbilanz der Moderne zu beklagen waren (vgl. Schwippert
1952). Der Versuch, die Dissonanzen zumindest im Ästhetischen aufzuheben,
durchzieht Burchartz' »Gestaltungslehre« wie ein roter Faden. Immer wieder
geht es um das ›Ganze‹, das durch Eingliederung und Unterordnung der Teile
entsteht, um ›Fügung‹ des Widerstrebenden, ›Geschlossenheit‹ der Form und
Zusammenschluss des Komplementären. »Die feste Fügung zu geschlossener
Einheit, zur Ganzheit ist der Wesenszug alles Gestalteten«, heißt es denn auch an
einer Stelle mit kategorischer Gewissheit (Burchartz 1953, S. 29), und: »Ein
Gestaltbild beglückt nur dann, wenn es als harmonisch geordnete Einheit gefügt
ist« (ebd., S. 31). Regelmaß und Ordnung, nicht etwa Dissonanz war das wün-
schenswerte Resultat schöpferischer Tätigkeit.

ABC der reinen Anschauung: Gerhard Gollwitzer

Im Grunde war Gestaltungslehre, wie Burchartz sie verstand, eine an alle gerichtete und von allen zu praktizierende Volkspädagogik. Eine gesellschaftliche
Erfordernis war sie, »[w]eil in unserer Zeit die Menschen so überwiegend ver-
standesmäßig-begrifflich geschult sind, in jeder Art der Anschauung und im
empfindsamen Verstehen der Formen- und Bildersprache aber erschreckend
ungebildet sind (...)« (ebd., S. 19). Ohne weiteres könnte dieser Satz auch von
dem Maler und Grafiker Gerhard Gollwitzer stammen. Eine Generation jünger
als Burchartz, gehörte auch Gollwitzer, der zunächst als Kunsterzieher tätig war,
zu den Persönlichkeiten, die unmittelbar nach der Zeit des »Dritten Reichs« in
den Staatsdienst berufen wurden. 1946 erhielt er eine Professur an der Stuttgarter Kunstakademie, wo er die allgemeine künstlerische Ausbildung leitete
(vgl. Uher 2008).

Auch Gollwitzer beschränkte seinen Wirkungsradius nicht auf das Fachpu-
blikum. Einen Namen machte er sich durch die Veröffentlichung mehrerer
Anleitungen zum künstlerischen Gestalten, die an Laien gerichtet waren und bis
in die Achtziger Jahre hinein in zahlreichen Auflagen erschienen (vgl. Gollwitzer
1952/1985). Zu diesen gehörte auch das 1960 im populären Ravensburger Verlag
erschienene Büchlein »Schule des Sehens«, einer »Anleitung zum Erfassen von
Farbe und Form für jedermann« (Gollwitzer 1960/1976; Abb. 3).

Schon die einleitenden Bemerkungen verdeutlichen, wie sehr Gollwitzer der
Tradition der elementaren Gestaltungslehre verpflichtet war. »Unser Ziel ist die
Belebung und Ausbildung der Sinne und des ›geistigen Auges‹, das ABC einer
Sprache der reinen Anschauung, dessen alle echte künstlerische Bildung nicht
entraten kann«, schickte Gollwitzer dem Buch voran (Gollwitzer 1960/1976,
S. 7). Es gehe um den »Mitvollzug einfacher, aber grundlegender Vorgänge.
Scheinbar nur spielend wecken, pflegen, stärken wir in uns jene geistige Fähigkeit, der wir die Kunstwerke verdanken, die aber uns allen innewohnt« (ebd.),
heißt es weiter. Auch Gollwitzer verstand seine Gestaltungskunde selbstverständlich nicht als strikte ›Lehre‹, sondern als Anleitung zu ungezwungenen
Erprobungen. Im Mittelpunkt der Methode, die den Leser durchweg im di-
stanzlosen »Du« adressierte, stand dabei ein Konzept des absichtslosen »Spiels«,
bei dem »ganz locker und doch ganz konzentriert« (ebd., S. 8) das Erfah-
rungsspektrum sich möglichst ›frei‹ entfalten sollte. Einfachsten Übungen im
Zeichnen und Basteln geometrischer Gebilde folgten zahllose Anleitungen zu
Muster-, Kontrast- und Rhythmusstudien, mit denen Gollwitzer ein Gespür für
die Nuance wecken wollte. Freilich haftet ihnen auch etwas Obsessives an:
»Wische mit dem Finger Kohle, Ruß oder Tinte, tupfe mit dem Finger, stupfe mit
dem Pinsel, zeichne mit der Feder, spritze, lass es fließen und wellen – Weich-
Flaumiges, Sprüngeliges, Gitteriges, Welliges, Schuppiges, Strahliges (...)«

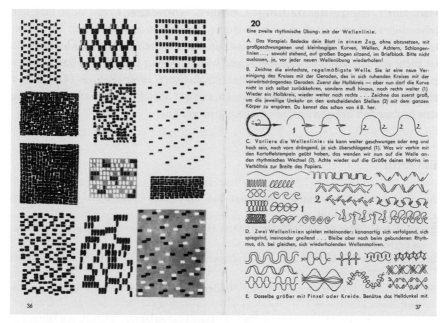

Abb. 3: Gerhard Gollwitzer: Schule des Sehens (1960)

(ebd., S. 28). Wie Gollwitzer erläuterte, sollten solche Übungen das durch einseitigen Vernunftgebrauch verkümmerte sinnliche Vermögen aktivieren und die »erschlaffte Phantasie« des Lesers vitalisieren. Damit sollten sie sich nicht nur positiv auf »Lebensbewältigung und Lebensgestaltung« auswirken, sondern auch die Abstumpfung des »nur noch untätig zuschauenden, nur konsumierenden und genießenden Publikum[s]« überwinden (ebd., S. 7). Unterschwellig klang in solchen Sätzen der antiautoritäre Zeitgeist der Sechziger Jahre mit, der vermittels ›Partizipation‹ und ›Aktivierung‹ des Betrachters den bürgerlich-hegemonialen Kunstbegriff und mit ihm gesellschaftliche Hierarchien aufzubrechen gedachte.

Mit Gollwitzers an »jedermann« adressierter ›Laienpädagogik‹ war die elementare Gestaltungslehre endgültig in der Ära kreativer Hobbykurse angekommen, deren wiederkehrendes Kennzeichen der beschwichtigende Hinweis »Vorkenntnisse sind nicht erforderlich« ist. Unübersehbar war bei alledem auch hier eine kulturskeptische und intellektfeindliche Färbung, die in manchem an die Erlebnispädagogik eines Hugo Kükelhaus erinnert (vgl. Dederich 1996). »Jetzt darfst du endlich auch einmal einen Kreis mit dem Zirkel fabrizieren«, forderte etwa Gollwitzer den Leser nach einer Übungsstrecke im Zeichnen mit der freien Hand auf: »Vergleiche ihn mit dem bisherigen Kreis: Er ist – aber gar nicht wohltuend! – exakt. Er ist perfekt, tot. Im Gegensatz zu unserem gewachsenen, immer werdenden, nie fertigen, lebendigen Kreis, dem Bild der lebendigen Gemeinschaft, des Organismus, des echten menschlichen Tuns[,] ist er das Bild des Kollektivs, der Organisation, des Machens, des Zweckhandels. Er ist nicht ein Element der schöpferischen bildnerischen Gestaltung, sondern der perfektionierten Technik, der Mache« (Gollwitzer 1960/1976, S. 14). Sanfter rhetorischer Zwang konnte nicht schaden, um der absichtslosen Selbsterfahrung des Probanden die gewünschte Richtung zu geben.

Literatur

Alfred Ehrhardt (2001): Fotografien, Ausst.-Kat. Kunsthalle Bremen und Kunstmuseum Bonn. Ostfildern-Ruit.

Breuer, Gerda (Hrsg.) (2010): Max Burchartz (1887–1961). Künstler – Typograf – Pädagoge. Berlin.

Burchartz, Max (1949): Gleichnis der Harmonie. Gesetz und Gestaltung der bildenden Künste, München 1949.

Burchartz, Max (1953): Gestaltungslehre. Bildendes Schaffen mehrt die Erkenntnis der Welt. München.

Burchartz, Max (1958a): Elementarerziehung zum Formerlebnis. Vortrag zur Jahresversammlung des Deutschen Werkbundes Bayern in München, Oktober 1957 (»Schrift 4« der Folkwangschule für Gestaltung), Essen.

Burchartz, Max (1958b): Die Bedeutung der Vorlehre an unserer Schule. In: Folkwangschule für Gestaltung. Werkkunstschule der Stadt Essen (»Schrift 7« der Folkwangschule für Gestaltung). Essen (ohne Paginierung).

Dederich, Markus (1996): In den Ordnungen des Leibes. Zur Anthropologie und Pädagogik von Hugo Kükelhaus. Münster – New York.

Driller, Joachim (2012): Max Burchartz und die Folkwangschule für Gestaltung. Vom Gebot der Ökonomie zum Gleichnis der Harmonie. In: Breuer, Gerda/Bartelsheim, Sabine/Oestereich, Christopher (Hrsg.), Lehre und Lehrer an der Folkwangschule für Gestaltung in Essen. Von den Anfängen bis 1972. Berlin, S. 192–213.

Ehrhardt, Alfred (1932): Gestaltungslehre. Die Praxis eines zeitgemäßen Kunst- und Werkunterrichts, Weimar.

Folkwangschule für Gestaltung. Werkkunstschule der Stadt Essen (1957): Die Ausbildung von Formgestaltern industrieller Erzeugnisse. Essen.

Franz, Michael (2006): Gestalt/Gestaltung. In: Trebeß, Achim (Hrsg.), Metzler Lexikon Ästhetik. Kunst, Medien, Design und Alltag, Stuttgart – Weimar, S. 142–145.

Geist, Hans-Friedrich (1952): Das Kind ist Realist. In: Die Zeit vom 22. Mai 1952.

Gollwitzer, Gerhard (1952): Zeichenschule für begabte Leute. Ravensburg (20. Aufl. 1985).

Gollwitzer, Gerhard (1960): Schule des Sehens. Anleitung zum Erfassen von Farbe und Form für jedermann. Ravensburg (5. erw. Aufl. 1976).

Grözinger, Wolfgang (1952): Kinder kritzeln, zeichnen, malen. Die Frühformen kindlichen Gestaltens. München.

Hirdina, Heinz (2001): Design. In: Barck, Karlheinz/Fontius, Martin/Wolfzettel, Friedrich/ Steinwachs, Burkhart (Hrsg.), Ästhetische Grundbegriffe (ÄGB). Ein historisches Wörterbuch in sieben Bänden, Bd. 2. Stuttgart – Weimar, S. 41–62.

Itten, Johannes (1975): Gestaltungs- und Formenlehre. Mein Vorkurs am Bauhaus und später. Ravensburg.

Hans Schwippert (Hrsg.) (1952): Mensch und Technik. Erzeugnis – Form – Gebrauch. Hrsg. im Auftrag des Magistrats der Stadt Darmstadt und des Komitees Darmstädter Gespräch. Darmstadt.

Stahl, Christiane (2007): Alfred Ehrhardt. Naturphilosoph mit der Kamera. Fotografien von 1933 bis 1947. Berlin.

Stürzebecher, Jörg (Hrsg.) (1993): »Max ist endlich auf dem richtigen Weg«. Max Burchartz 1887–1961, Ausst.-Kat. Deutscher Werkbund e.V. Frankfurt am Main.

Uher, Daniela (2008): Gerhard Gollwitzer. In: Allgemeines Künstlerlexikon, Bd. 57. München, Sp. 378–379.

Wick, Rainer K. (2000): Bauhaus. Kunstschule der Moderne. Ostfildern-Ruit.

Wick, Rainer K. (2009): Bauhaus. Kunst und Pädagogik. Oberhausen.

Wingler, Hans M. (Hrsg.) (1977): Kunstschulreform 1900–1933, Ausst.-Kat. Bauhaus-Archiv Berlin. Berlin.

Winter, Fritz G. (1977): Gestalten: Didaktik oder Urprinzip? Ergebnis und Kritik des Experiments Werkkunstschulen 1949–1971. Ravensburg.

Zeising, Andreas (2007): »Gleichnis der Harmonie«. Max Burchartz' malerisches Werk. In: Zeising, Andreas (Hrsg.), Konstruktion und Formerlebnis – Werkbund und freie Kunst: Max Burchartz, Jupp Ernst, Werner Graeff. Wuppertal.

Stefanie Marr

Montagsmaler – Meister brauchen nicht vom Himmel zu fallen

Online-Umfrage des Magazin stern:
Frage Nummer 61852
Kann man Zeichnen lernen? Oder braucht man dafür Talent?
Antwort 21. 04. 2013 | 13.26 Uhr
Nach jahrelangen Versuchen kann ich mit 100 %iger Sicherheit sagen, dass man Zeichnen nicht lernen kann. Ich habe es echt versucht und meine Bilder sehen immer noch so aus, als wäre ich ein Kleinkind. (wagnerP8, 2013)

WagnerP8 ist einer von vielen in unserer Gesellschaft, die nach dem jahrelangen Besuch des Kunstunterrichts von sich steif und fest behaupten, nicht zeichnen zu können. Im Folgenden lege ich dar, dass WagnerP8 – und all die anderen – sich irren, wenn sie, was das Zeichnen betrifft, vorgeben, talentfrei zu sein. Jeder kann zeichnen.

Dass nahezu jeder Mensch in der Lage ist, alle möglichen Dinge, Handlungen und Begebenheiten bildnerisch darzustellen, zeigt sich bei dem Spiel ›Montagsmaler‹. In diesem treten zwei Mannschaften gegeneinander an. Jeweils ein Mitglied der Gruppen muss einen vom Spielleiter genannten Begriff zeichnen. Die anderen Teilnehmer müssen den dargestellten Begriff so schnell wie möglich erraten. Gibt man im Internet unter Google die Schlagwörter ›Montagsmaler Begriffe‹ ein, dann erhält man unter anderem folgende Vorschläge:

Achselschweiß, Blinklicht, Bürgermeister, Federball spielen, Herzensbrecher, Käsefüße, Brustschwimmen, Kopfschmerzen, sich schminken, Scheibenwischer, Dickkopf, Dirigent, sich duschen.

Die Liste erstaunt. Diese Dinge darzustellen erscheint anspruchsvoll, zumal davon auszugehen ist, dass die meisten Menschen das Geforderte noch niemals zuvor zu Papier gebracht haben. Im Zeichnen von Blinklichtern und Kopfschmerzen hat mit hoher Wahrscheinlichkeit keiner Übung. Kaum jemand wird auf Abbildungs- und Ausführungswissen zurückgreifen können – wie möglicherweise noch bei der Darstellung eines Schuhs oder eines Apfels. Da die meisten Personen im Alltag schon vor geringeren Anforderungen kapitulieren –

»Malst Du mir einen Hund«, »Nein, ich kann keinen Hund malen« – verwundert es, dass sich dieses Spiel seit Jahrzehnten einer großen Beliebtheit erfreut. Es wird auf Kindergeburtstagen, Jugendfreizeiten und Hochzeiten gespielt. Zum Einsatz kommt es als klassisches Brett- oder heutzutage auch als Wii-Spiel auf der Spielekonsole.

Die Erfahrung zeigt, dass dieser Zeitvertreib keine besonderen Zeichenfähigkeiten voraussetzt. Talent ist nicht gefordert. Das Spiel kann hier und jetzt durchgeführt werden. Auch Personen, die sagen, dass sie nicht zeichnen können, können daran teilnehmen. Denn – wie sich zum Beispiel an den Darstellungen eines fünfjährigen Mädchens zeigt – jeder kann zeichnen: Die von dem Mädchen dargestellten Begriffe ›Möbelwagen‹ und ›Ranzen‹ (Abb. 1–2) können erraten werden.

Abb. 1: Möbelwagen (Kinderzeichnung aus dem Archiv der Autorin)

Die meisten Menschen nehmen allerdings ihre Art der Darstellung im Spiel ›Montagsmaler‹ nicht ernst. Auch Krakeleien, die zu Tausenden aus Langeweile in Seminaren, auf Fortbildungen oder beim Telefonieren entstehen, erhalten als Bilder von ihren Urhebern in der Regel keine Aufmerksamkeit.[1] Da fast alle

---

1 Eine Ausnahme stellen die Autoren der Kritzeleien auf der Leserseite in der Wochenzeitschrift »Die Zeit« dar. Bei ihnen kann davon ausgegangen werden, dass sie meinen, aus welchen Gründen auch immer, ihre Darstellungen hätten einen Veröffentlichungswert.

Abb. 2: Ranzen (Kinderzeichnung aus dem Archiv der Autorin)

Menschen von einem Darstellungsverständnis ausgehen, welches das Ziel in einer linear fortschreitenden zeichnerischen Entwicklung sieht – von der ›primitiven‹ schematischen zur ›gekonnt‹ naturalistischen Darstellung – , sagen ihnen ihre im Spiel oder beim Telefonieren hergestellten Bilder nicht zu. Da ihre Bildbewertung an einem mimetischen Vorbild ausgerichtet ist, fallen diese Zeichnungen bei ihnen durch. Doch auch Zeichnungen von Künstlern, die nicht abbildgenau sind, überzeugen die Mehrheit nicht: »Das kann mein Kind auch«, »Das ist doch bloße Schmiererei« lautet dann oftmals das Urteil. Dass sehr viele Menschen in unserer Gesellschaft das Gestalten-können auf die Fähigkeit reduzieren, abbildgenau etwas wiederzugeben und des Weiteren ›gute Bilder‹ auf realistische Darstellungen begrenzen (vgl. Billmayer 2008, S. 318), ist – genau genommen – Ausdruck einer bildsprachlichen Inkompetenz. Beide Einstellungen zeugen von einem beschränkten Bildverständnis. Bildherstellung wird auf die Wiedergabe der oberflächlichen Erscheinung der Dinge reduziert. Beim Gestalten geht es aber stets um mehr als um die fingerfertige Darstellung visueller Eindrücke. Die Funktion der Darstellung ist nicht, lediglich Sichtbares wiederzugeben, sondern sichtbar zu machen. ›Sichtbar-machen‹ bezieht sich dabei auf das, was schon da ist, aber so noch nicht wahrgenommen wurde. Die Darstellung lässt erkennen. Damit dies geschieht, muss beim Gestalten nicht der Gegenstand an sich abgebildet werden, sondern das, was dieser Gegenstand dem Gestalter bei dessen ganzheitlicher Wahrnehmung im Besonderen gesagt hat (vgl. Dewey 1988, S. 110). Beim Gestalten geht es demnach stets um die Darstellung der eigenen Position zum Gegenstand (vgl. Buschkühle 2005, S. 4). Im Bild findet der eigene Eindruck seinen Ausdruck. Da die Welt nun aber bei jedem Menschen unterschiedliche Eindrücke hinterlässt, erscheint die Wirklichkeit in Darstellungen mannigfaltig. Es gibt so viele Bilder von der Welt, wie es Betrachter derselben gibt. Als Person selbst im Bild Ausdruck gefunden zu haben, befriedigt sehr. Es entspricht dem menschlichen Grundbedürfnis, eine Spur zu hinterlassen.

Deutlich wird hier, dass Gestaltung sich eben gerade nicht auf die Illustration von Sachverhalten beschränkt, sondern verlangt, dass die Menschen an den Sachverhalten partizipieren: Gestaltung erfordert, sich selbst zu den Sachverhalten in Beziehung zu setzen. ›Gestalten-können‹ ist damit kein Wissensstoff, der schlicht vom Lehrer zum Schüler zum Beispiel mit Hilfe von Vorlagen transportiert werden kann. Gestaltung erfordert Teilhabe. Zum Gestalten zu befähigen, heißt, die Lernenden dabei zu unterstützen, selbst eine Beziehung zu Sachverhalten herstellen, sich in ihnen orientieren, sie bewerten und sie gestaltend zum Ausdruck bringen zu können.

Mögen auch die im Spiel ›Montagsmaler‹ entstandenen Darstellungen den Erwartungen der Zeichner nicht entsprechen, als Bilder funktionieren sie. Mit wenigen Strichen werden repräsentative Inhalte verdichtet dargestellt. Will man mehr Menschen für das Gestalten begeistern, muss man sie erfahren lassen, dass sie sehr wohl zeichnen können, wenn auch möglicherweise nicht auf die von ihnen zum jetzigen Zeitpunkt gewünschte Weise.

Das Gute beim Gestalten ist, es gibt hier nicht das *eine* gute Bild, es gibt nicht die *eine* richtige Darstellung. Vielmehr kann der Mensch seine Sicht auf die Wirklichkeit in Bildern auf ganz verschiedene Weise vermitteln. Seine Ideen kann er skizzenhaft hinwerfen, detailgetreu ausarbeiten oder naiv kritzeln. Seine Gedanken kann er konkret oder abstrakt darstellen. Die einzelnen hier genannten Vorgehensweisen halten unterschiedliche Möglichkeiten bereit, die Wirklichkeit zu konstruieren. Aus der Tatsache, dass über eine bildsprachliche Kompetenz zu verfügen nicht an eine bestimmte Vorgehensweise gebunden ist, resultiert die Erkenntnis, dass keine der weiter oben aufgeführten Darstellungsweisen den anderen per se überlegen ist. Vielmehr umschreibt ›bildsprachliche Kompetenz‹ ganz allgemein das Vermögen, dem eigenen Ausdruckswunsch »in beabsichtigter Weise eine gestaltete Form geben zu können, und zwar in einer den jeweiligen inhaltlichen Anliegen entsprechenden Weise« (Regel 2006, S. 340). Eine Kritzelei kann einer ausgearbeiteten Zeichnung ebenbürtig sein. Ob die eine oder die andere Zeichnung überzeugt, hängt immer

allein davon ab, ob ihr jeweiliger Inhalt mit ihrer jeweiligen Form überein-
stimmt. Die Stimmigkeit gilt es im Einzelfall zu prüfen.

Aus der Tatsache, dass es viele gleichberechtigte Darstellungsweisen gibt,
resultiert die Forderung, dass sich die pädagogische Praxis den unterschiedlichen Ausdrucksweisen öffnen muss. Es gilt, alle Vorgehensweisen gleicherma-
ßen zuzulassen beziehungsweise zu fördern. Ein gleichberechtigtes Nebeneinander von den sogenannten ›primitiv‹ schematischen und den ›gekonnt‹
naturalistischen Darstellungen den Menschen zu vermitteln, erweitert den Ge-
staltungsspielraum. Da der eigene Darstellungsstil stets abhängig ist von der
Persönlichkeit des Gestalters – so wie die Leute sind, so gestalten sie auch:
»sparsam, verschwenderisch, trocken, verschnörkelt, ängstlich oder auch frech«
(Sauer 2010, S. 22) –, eröffnen unterschiedliche Herangehensweisen mehr
Menschen Zugänge. Werden mannigfaltige Lernwege bereitgehalten, wird es
(endlich auch) in künstlerischen Lernprozessen möglich sein, verschieden zu
sein: Schulausstellungen mit 25 blattfüllenden Marienkäfern mit je sechs
schwarzen Punkten auf grünem Untergrund oder 30 Selbstporträts im Stil Andy
Warhols werden dann der Vergangenheit angehören.

In Vermittlungsprozessen ist es zentral, den Lernenden unter Einbeziehung
der anderen, entstandenen künstlerischen Arbeiten darzulegen, was die persönlichen Charakteristika ihrer eigenen Zeichnungen sind, was also ihre persönlichen Bilder auszeichnet, was diese von den Darstellungen der anderen
unterscheidet. Im Gespräch erkennen die Lernenden, dass sie sich in ihren
Zeichnungen spiegeln. Ihre Art zu zeichnen, ist eigenartig. Diese Einsicht führt
im besten Fall dazu, dass die Menschen nicht mehr einen fremden, ›besseren‹
Zeichenstil kopieren wollen, sondern zu ihrer Handschrift stehen, sich mit ihr
identifizieren (Scheinberger 2009, S. 51) und, wenn alles gut läuft, genau diese
entwickeln wollen.

Bei den folgenden Zeichnungen handelt es sich um Ergebnisse aus dem
Blockseminar »Achtung! Zeichnen! Los! Wiedereinstieg für *Nicht*-Zeichner«. In
diesem sollten die Studierenden – überwiegend aus den Studiengängen der
Sozialen Arbeit – die Zeichnung als künstlerisches Mittel zur Aneignung und
Gestaltung von Wirklichkeit kennenlernen. Einleitend wurden den Teilnehmern
nicht – und wie von ihnen eigentlich erwartet – Zeichentechniken vermittelt. Wie
man garantiert ›richtig‹ zeichnen lernt, war nicht Gegenstand des Seminars. Die
Einführung beschränkte sich darauf, anhand von Bildmaterial[2] darzustellen,
dass gute Bilder sich nicht damit begnügen, Wirklichkeit abzubilden, ihre
Aufgabe vielmehr darin besteht, Wirklichkeit sichtbar zu machen. Zeichnungen
können dabei als Gedankenkonzentrat, Erzählform, Ideenspeicher oder Doku-

---

2 Gezeigt und besprochen wurden unter anderem Zeichnungen von den Künstlern David
  Shrigley, Frédéric Bruly Bouabré und Louise Bourgeois.

mentation Anwendung finden. Hingewiesen wurde des Weiteren auf die Tatsache, dass sich ein ›Zeichnen-können‹ auch in scheinbar ›unbeherrschten‹, ›un-
beholfenen‹ Darstellungen realisieren kann. Zu diesem Grundlagenwissen gab
es praktische Zeichenübungen.[3] Danach wurden die Studierenden aufgefordert,
zuhause unter anderem die folgenden Fragen zum Thema ›Raum‹ bildsprachlich
zu beantworten:
– Was verstehen Sie unter Freiraum?
– Was bedeutet für Sie Heimat?
– Was verstehen Sie unter einem Lückenfüller?
– Welchen Raum wollen Sie sich zukünftig erschließen?
– Stellen Sie einen Chatroom dar.
– Was verstehen Sie unter einem Frauenzimmer?
– Was befindet sich außerhalb des Außenraums?
– Was verstehen Sie unter Heimvorteil?

Die Studierenden wurden durch die Aufgabenstellung aufgefordert, ihre Sicht
auf die Dinge festzustellen und dann darzustellen. Da es für ihre Sicht auf die
Dinge kein Vorbild gab, waren sie ›gezwungen‹, sich selbst ins Spiel zu bringen.
Sie wurden provoziert, ihr eigenes Bild zu konstruieren. Und weil die Fragen
abstrakte, vom Dinglichen gelöste Antworten verlangten, waren sie herausgefordert, vielfältige Darstellungsformen zu verwenden.

An den folgenden 12 Darstellungen zum Thema »Was verstehen Sie unter
Freiraum?« (Abb. 3–14) ist ablesbar, dass vielgestaltige Bilder mit mannigfaltiger
Bildung einhergehen. Sowohl inhaltlich als auch formal gilt: Kein Bild ist wie das
andere. Daraus folgt auch: Keine Bildung entspricht der anderen. An der Bildersammlung kann abgelesen und vermittelt werden, wie vielfältig bildnerische Lösungen ausfallen können. Es lässt sich festhalten, dass es nicht nur eine gute
Lösung gibt, sondern der Reiz gerade darin besteht, dass viele Lösungen additiv
nebeneinander Bestand haben. Es kann viele gute Bilder geben. Im Kunstunter-
richt gilt es, ein ›Gut-sein‹ im Plural zu denken. Jede einzelne Arbeit trägt auf ihre
Art und Weise zu einem erweiterten Selbst- und Weltverständnis bei. Beim Betrachten der Bildersammlung ist offenkundig, dass gerade die Tatsache, dass die
Ergebnisse mannigfaltig sind, von einem gelungenen Unterricht zeugt. Die Bilder
spiegeln, dass die Lernenden hoch motiviert waren, ihre eigenen Gedanken auf
selbstbestimmte Art und Weise zum Ausdruck zu bringen. Und dies, obwohl die
meisten von ihnen im Vorfeld meinten, nicht zeichnen zu können. Die veränderte
Einstellung zum Gestalten muss als das eigentlich beste Resultat dieser kunst-
pädagogischen Praxis angesehen werden. Denn sie zeugt davon, dass sich den
Lernenden im Unterricht der grundsätzliche Sinn des Bildermachens als Mittel zur

---

3 Alle Übungen und Ergebnisse werden 2016 im Athena Verlag publiziert.

Selbst- und Weltaneignung erschlossen hat. Ihnen ist deutlich geworden: Den einen Freiraum gibt es nicht. Es gibt mannigfaltige Freiräume.

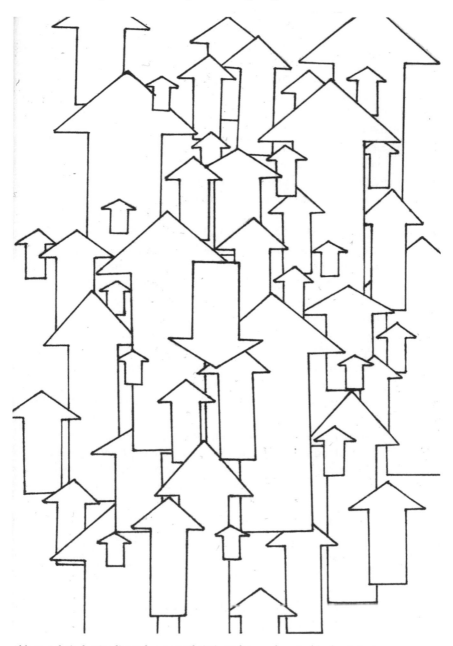

Abb. 3: Arbeit der Studierenden Ann-Christin Huhn aus dem Archiv der Autorin

15

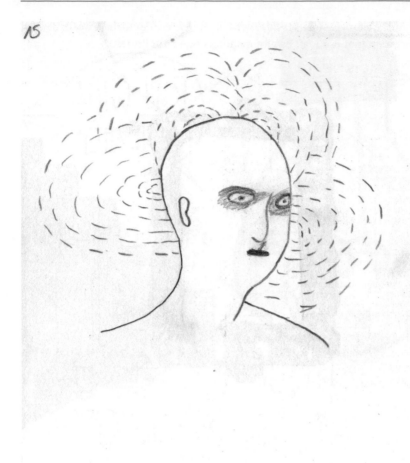

Abb. 4: Arbeit des Studierenden Philipp Braun aus dem Archiv der Autorin

Abb. 5: Arbeit der Studierenden Elena Georg aus dem Archiv der Autorin

Abb. 6: Arbeit der Studierenden Lisa Haas aus dem Archiv der Autorin

Abb. 7: Arbeit der Studierenden Hannah Vanderbosch aus dem Archiv der Autorin

Abb. 8: Arbeit des Studierenden Micha Bäumer aus dem Archiv der Autorin

Abb. 9: Arbeit der Studierenden Sabrina Arndt aus dem Archiv der Autorin

KLEIN ANFANGEN

Abb. 10: Arbeit der Studierenden Elena Georg aus dem Archiv der Autorin

Abb. 11: Arbeit der Studierenden Marie Serafin aus dem Archiv der Autorin

Abb. 12: Arbeit des Studierenden Stefan Marino aus dem Archiv der Autorin

Abb. 13: Arbeit der Studierenden Myrna Abraham aus dem Archiv der Autorin

Abb. 14: Arbeit der Studierenden Sabrina Arndt aus dem Archiv der Autorin

Literatur

Billmayer, Franz (2008): Mit der Kunst auf dem Holzweg? Was die Orientierung an der Kunst in der Pädagogik verhindert. In: Busse, Klaus-Peter/Pazzini, Karl-Josef (Hrsg.), (Un)Vorhersehbares Lernen. Kunst–Kultur–Bild. Dortmund, S. 309–321.

Buschkühle, Carl-Peter (2005): Zum künstlerischen Projekt. In: Kunst+Unterricht, H. 295, S. 4–9.

Dewey, John (1934/1988): Kunst als Erfahrung. Frankfurt am Main.

Marr, Stefanie (Hrsg.) (2007): Tischgesellschaft. Künstlerische Praxis in Lehr- und Lernprozessen. Oberhausen, o.n.A.

Marr, Stefanie (2014): Kunstpädagogik in der Praxis. Wie ist wirksame Kunstvermittlung möglich? Eine Einladung zum Gespräch. Bielefeld.

Regel, Günter (2006): Die Kunst ist nur ein Weg … Überlegungen zu den Bildungsstandards im Fach Kunst. In: Kirschenmann, Johannes/Schulz, Frank/Sowa, Hubert (Hrsg.), Kunstpädagogik im Projekt der allgemeinen Bildung. München, 328–350.

Sauer, Michel (2010): Sprache der Zeichnung. Sockel für die Bärenskulptur. In: Museum für Gegenwartskunst Siegen (Hrsg.), Je mehr ich zeichne. Köln, S. 21–31.

Scheinberger, Felix (2009): Mut zum Skizzenbuch. Zeichnen & Skizzieren unterwegs. Mainz.

wagnerP8 (2013): Kann man Zeichnen lernen? Oder brauch man dafür Talent: http://www.stern.de/noch-fragen/kann-man-zeichnen-lernen-oder-brauch-man-dafuer-talent-1000571531.html (03.06.2015).

Mein besonderer Dank geht auch an dieser Stelle an alle Studierenden der Zeichenseminare, die sich immer wieder auf neuartige Arbeitsprozesse eingelassen haben. Die gemeinsame Arbeit hat Freude bereitet. In diesem Fall bedanke ich mich besonders bei den Zeichnern Myrna Abraham, Sabrina Arndt, Micha Bäumer, Philipp Braun, Ann-Christin Huhn, Elena Georg, Lisa Haas, Stefan Marino, Marie Serafin und Hanna Venderbosch.

Susanne Dreßler, Benjamin Eibach & Christina Zenk

Gestaltet eine Musik, die richtig gut zur Modenschau passt! – Überlegungen zur Gestaltung problemhaltiger Situationen im Musikunterricht

1. Einleitung

Unterricht, insbesondere Musikunterricht, ist auf vielfältige Weise durch Gestaltungen, Gestalten oder Gestaltungsprozesse gekennzeichnet. So wird Unterricht vorbereitend durch die Lehrkraft, aber zugleich auch durch die Interaktionen der beteiligten Akteure im aktuellen Geschehen gestaltet. Im Musikunterricht spielen musikalisch-künstlerische Gestaltungsprozesse eine bedeutende Rolle: ob beim Musizieren, Improvisieren und Komponieren, bei der Rezeption musikalischer Produkte oder der Transformation von Musik in andere Medien. Schließlich können Ergebnisse von Gestaltungsprozessen analysiert und kritisch reflektiert oder weiterführenden Prozessen unterworfen werden. Stets werden solcherart Gestaltungsprozesse durch die konkrete unterrichtliche Inszenierung angeregt.

Der vorliegende Beitrag aus der Musikpädagogik stellt ein Unterrichtsprojekt vor, welches im Sommersemester 2015 in Kooperation mit dem Evangelischen Gymnasium Siegen realisiert wurde. Dafür ist eine mehrstündige Unterrichtseinheit für den Musikunterricht einer zehnten Klasse durch Mitarbeiter/-innen der Universität Siegen entwickelt und durchgeführt worden. Anliegen des Vorhabens war es, solche *problemhaltigen Situationen* für den Musikunterricht zu gestalten, aus denen vielfältige *Lernprozesse des musikalisch-kreativen Gestaltens* am *Gegenstand einer Modenschaumusik* erwachsen können. Obgleich die Problemorientierung gegenwärtig fachübergreifend intensiv untersucht und für die verschiedenen Unterrichtsfächer fruchtbar gemacht wird, ist dieser Zugang für die Musikpädagogik noch wenig erforscht (vgl. Dreßler 2016). Für den vorliegenden Kontext ist die Modenschaumusik als besonders reichhaltiger musikalisch-ästhetischer Unterrichtsgegenstand gewählt worden: nicht nur, weil sie eine hohe Relevanz in der Lebenswelt von Jugendlichen einnimmt, sondern weil sie aufgrund ihrer ästhetischen Vielschichtigkeit und Interdisziplinarität diverse Gestaltungsmöglichkeiten eröffnet (vgl. Zenk 2014). Gleichzeitig bietet die visuelle Orientierung an einer bestimmten Modenschau konkrete Bezugspunkte für musikalische Gestaltungen. Der vorliegende Beitrag fokussiert die Anlage und Durchführung einer problemorientierten Unterrichtssequenz und nimmt zugleich auf verschiedene Ebenen des Gestaltens aus allgemeiner und musikdidaktischer Perspektive Bezug.

2.   Annäherungen an *Gestalten*

Folgt man dem *Großen Wörterbuch der deutschen Sprache*, so bezeichnet das Verb *gestalten* eine Tätigkeit, bei der einer Sache eine bestimmte Form oder ein bestimmtes Aussehen gegeben wird. Die Nominalisierung *Gestalten*, die auch innerhalb des musikdidaktischen Diskurses verwendet wird (vgl. etwa Jank 2013, S. 117), dürfte dementsprechend allgemein den Prozess der Formgebung bezeichnen und damit zum Teil synonym zu *Gestaltung* sein. Neben dem Vorgang der Formgebung kann *Gestaltung* darüber hinaus aber auch das *Gestaltetsein* oder das *Gestaltete* an sich, also die Ergebnisse des Gestaltens, bezeichnen (vgl. Wissenschaftlicher Rat der Dudenredaktion 1999, S. 1494). Die Begriffe *Gestalten* beziehungsweise *Gestaltung* tauchen nun aber auch außerhalb der Gemeinsprache in verschiedenen Zusammenhängen auf, in denen ihre Bedeutung jeweils unterschiedliche Nuancierungen erfährt. Drei Beispiele sollen dies veranschaulichen:

– Im Zusammenhang mit theoretischen Überlegungen zum Design impliziert der Begriff Gestaltung vor allem im Verständnis der 1920er Jahre den Aspekt der praktischen Funktion eines geformten Objektes (vgl. Hirdina 2001, S. 52 ff.). Er dient damit offenbar der Abgrenzung von der selbstzweckhaften Kunst.
– Gestaltung kann auch Gegenstand philosophischer Betrachtungen sein. So problematisiert etwa Dorschel das Verhältnis zwischen Ästhetik und Zweckmäßigkeit und konstatiert: »Weder ist die Form einfach durch die Funktion determiniert, noch folgt sie logisch aus ihr [...].« (Dorschel 2002, S. 7).
– Auch innerhalb der Kunstpädagogik ist der Begriff Gestalten präsent. Penzel zufolge handelt es sich beim Gestalten um »ein höchst vielschichtiges Vorgehen, das der Umsetzung verschiedenster Bildungsziele« dient (Penzel 2010, S. 22). Es tritt hier also als Methode zur Initiierung von Bildungsprozessen hervor.

Angesichts dieser Aspektheterogenität des Begriffes erscheint ein Nachdenken darüber notwendig, welche Rolle Gestalten im Zusammenhang mit musikdidaktischen Erwägungen spielen kann. Es wird nicht der Anspruch erhoben, eine umfassende Definition des Begriffes zu entwickeln. Vielmehr soll transparent gemacht werden, wodurch sich das den folgenden Ausführungen zugrunde liegende Begriffsverständnis von den Sichtweisen anderer Fachgebiete unterscheidet. Die in Kapitel 3.3 vorgenommene Explikation des Gestaltens aus musikdidaktischer Perspektive kann aber nicht nur der Abgrenzung dienen, sondern möglicherweise auch Anknüpfungspunkte offenbaren, um Beziehungen zwischen einem musikdidaktischen und anderen Begriffsverständnissen herauszuarbeiten. Dies wäre durchaus lohnend, denn der Begriff Gestalten ist in der Musikdidaktik auf unterschiedlichen Ebenen, wie etwa innerhalb der übergreifenden musikpädagogischen Konzeptionen oder im Rahmen von Kernlehrplänen, präsent. Soweit sich der fachliche Diskurs dazu überblicken lässt, wird auch erkennbar, dass der Begriff Gestalten bislang noch nicht hinreichend problematisiert oder gar geklärt erscheint. Allerdings muss dieses Unterfangen einer anderen Gelegenheit vorbehalten bleiben.

3.   Theoretischer Hintergrund und Vorannahmen

Die Gestaltung einer problemhaltigen Situation für den Musikunterricht, wie sie in diesem Beitrag vorgestellt und diskutiert werden soll, basiert auf drei Vorannahmen, die nachfolgend erläutert werden sollen. Die Unterrichtssequenz folgt demnach einem problemorientierten Zugang (1), ihr Gegenstand ist die Modenschaumusik (2) und die Schüler/-innen sollen zum Vollzug musikalischer Gestaltungsprozesse mit dem Ziel der Erstellung eines künstlerisch-kreativen Produkts angeregt werden (3).

3.1   Zur Gestaltung problemhaltiger Situationen im Musikunterricht

Problemorientierung wird seit einigen Jahren – nicht zuletzt ausgelöst durch die PISA-Studie 2000 und die daran anschließende Kompetenzdebatte – intensiv für den schulischen Unterricht in den verschiedenen Fachdidaktiken diskutiert. Bereits ein Blick in die Kerncurricula der Bundesländer offenbart die zunehmende Bedeutung der Problemorientierung im schulischen Rahmen. So verortet sich beispielsweise im hessischen Kerncurriculum (2010) die »Problemlösekompetenz« im Bereich der übergeordneten »Lernkompetenz« und wird wie folgt beschrieben: »Die Lernenden planen ihren Arbeitsprozess, wobei sie die ihnen zur Verfügung stehenden Ressourcen sachgerecht einschätzen. Sie realisieren ihre Planungen selbstständig, indem sie die notwendigen Informationen erschließen und ihren Arbeitsfortschritt zielorientiert kontrollieren. Sie übertragen im Arbeitsprozess gewonnene Erkenntnisse durch Analogiebildungen sowie kombinatorisches und schlussfolgerndes Denken auf andere Anwendungssituationen« (HKM 2010, S. 10).

Offensichtlich sind mit dem Problemlösen enorme Hoffnungen in Bezug auf schulisches Lehren und Lernen verbunden: Etwa die, dass ein problemorientierter Zugang komplexe und lebensweltlich relevante Lernprozesse anregt, dass die Lernenden individueller aktiviert werden, dass die Anhäufung so genannten trägen Wissens vermieden wird oder dass flexibel einsetzbare, allgemeine Problemlösefähigkeiten gefördert werden.

Aber wird solch eine Auffassung von Problemlösekompetenz auch jenem ursprünglichen Verständnis von ›Problem‹ gerecht, wie es beispielsweise in der Psychologie erörtert wird? Dort wird Problemlösen überwiegend verstanden als »das Schließen einer Lücke in einem Handlungsplan durch bewusste kognitive Aktivitäten, die das Erreichen eines beabsichtigten Ziels möglich machen sollen« (Betsch et al. 2011, S. 138). Dabei wird Bezug genommen auf grundlegende Definitionen von *Problem*, wie sie Anfang des 20. Jahrhunderts etwa vom Gestaltpsychologen Karl Duncker oder ca. 40 Jahre später von Dietrich Dörner angegeben werden:

> »Ein ›Problem‹ entsteht z. B. dann, wenn ein Lebewesen ein Ziel hat und nicht ›weiß‹, wie es dieses Ziel erreichen soll. Wo immer der gegebene Zustand sich nicht durch bloßes Handeln (Ausführen selbstverständlicher Operationen) in den erwünschten Zustand überführen läßt, wird das Denken auf den Plan gerufen.« (Duncker 1935, S. 1; zit. in Arbinger 1997, S. 5)

> »Ein Individuum steht einem Problem gegenüber, wenn es sich in einem inneren oder äußeren Zustand befindet, den es aus irgendwelchen Gründen nicht für wünschenswert hält, aber im Moment nicht über die Mittel verfügt, um den unerwünschten Zustand in den wünschenswerten Zielzustand zu überführen.« (Dörner 1976, S. 10)

Ein Problem ergibt sich für eine Person also daraus, dass diese einen (unerwünschten) Ausgangszustand und einen erwünschten, aber noch nicht erreichten Zielzustand wahrnimmt. Zwischen ihnen befindet sich eine Barriere, die die Transformation des Ausgangszustands in den Zielzustand im Moment verhindert. Diese Barriere zu überwinden – also das Problem zu lösen – setzt einen individuellen Suchprozess nach einem dafür geeigneten Operator in Gang (Thalemann 2003, S. 64).

Diese Aussagen müssen noch um jenen Zusatz von Dörner ergänzt werden, der in Bezug auf eine solche subjektorientierte Sichtweise erläutert, dass das, was für den einen eine Aufgabe ist, für den anderen durchaus ein Problem darstellen könne. Probleme sind also niemals *an sich* in der Welt vorhanden, sondern werden – mit den Worten Jens-Peter Grunaus – »in den Köpfen der Menschen gemacht« (Grunau 2008, S. 80). Das Vorwissen einer Person entscheidet darüber, ob es sich individuell um eine Aufgabe oder um ein Problem handelt.

Die hier dargelegte subjektorientierte Sichtweise ist von zahlreichen Bedingungen und Kontextfaktoren abhängig, von denen einige im Folgenden etwas näher betrachtet werden sollen. Doch zunächst soll der Frage nachgegangen werden, worin die Abgrenzung zu einer Aufgabe bestehen könnte, denn häufig werden die Begriffe Problem und Aufgabe nicht trennscharf, sondern sogar synonym oder kombiniert verwendet. So taucht etwa der Begriff der Problemlöseaufgabe (vgl. Link 2011) auf. In der musikpädagogischen Forschung verstehen beispielsweise Cvetko und Meyer unter einem Problem »eine Aufgabe mit besonderer Barriere« (Cvetko/Meyer 2009, S. 84).

Dörner (1976; 1983) beschreibt den grundsätzlichen Gegensatz von Problem und Aufgabe so, dass bei einer Aufgabe »[…] lediglich der Einsatz bekannter Mittel auf bekannte Weise zur Erreichung eines klar definierten Zieles gefordert [wird]« (Dörner 1983, S. 303; zit. in Brander et al. 1985, S. 111 f.) und dass »Aufgaben […] nur reproduktives Denken [erfordern], beim Problemlösen aber […] etwas Neues geschaffen werden [muss]« (Dörner 1976, S. 10). Entscheidend ist allerdings auch seine Einschränkung mit Verweis auf die besondere Rolle des Problemlösers: »Was für ein Individuum ein Problem und was eine Aufgabe ist, hängt von seinen Vorerfahrungen ab« (ebd.).

Dass Aufgaben heutzutage nicht nur »reproduktives Denken« erfordern, ist hinlänglich bekannt. Die für Problemlösen konstitutive Bestimmung in Abgrenzung zum Aufgabenlösen umfasst, dass etwas *Neues* geschaffen werden muss. Allerdings bleibt auch in Dörners Definition unscharf, worin dieses *Neue* besteht: Es kann sich sowohl um ein erkennbares, sicht- beziehungsweise hörbares Produkt als Ergebnis des Bewältigungsprozesses handeln, als auch um neue Denkstrukturen im Sinne von Problemlösestrategien, die von außen nicht unmittelbar sichtbar sind. Zudem bleibt das *Neue* stets subjektiv. Lehrende können lediglich aufgrund ihrer Diagnosefähigkeiten und ihrer Erfahrungen mit den Lernenden vermuten, worin eventuell *Neues* für ihre Schüler bestehen könnte.[1]

Eine so verstandene Problemorientierung weist eine deutliche Nähe zur Kreativität auf. Wenn Urban (2004) etwa Kreativität in sechs Punkten definiert, dann beschreiben vor allem die ersten beiden Aspekte, was im Zuge der Problemorientierung als *das Neue schaffen* benannt worden ist. Nach Urban ist Kreativität unter anderem »die Fähigkeit […]

1. […] ein neues, ungewöhnliches und überraschendes Produkt als Lösung eines sensitiv wahrgenommenen oder gegebenen Problems […] zu schaffen,

---

1 Diese Annahmen lassen sich insofern gut mit den von Christopher Wallbaum (2000; 2009) angestellten Überlegungen kontextualisieren, da er in seiner »Prozess-Produkt-Didaktik« die besondere Bedeutung einer Orientierung an einem ästhetischen Objekt bzw. Produkt in musikunterrichtlichen Prozessen herausgearbeitet hat.

2. […] und zwar auf der Grundlage einer sensiblen und breit umfassenden Wahrnehmung vorhandener und offener sowie gezielt gesuchter Informationen und erarbeiteter bereichsspezifischer (Experten-)Kenntnisse […].« (Urban 2004, S. 34)

Daran wird deutlich, dass solche neuen Produkte nicht im luftleeren Raum entstehen, sondern vorausschauend in didaktische Kontexte einzukleiden und entsprechend vorzubereiten sind. Nicht ein Problem gleicht dem anderen, vielmehr werden in der Forschungsliteratur verschiedene Problemarten differenziert, die sich auf einem Kontinuum zwischen einfachen und komplexen Problemen verorten. Diese maximal kontrastive Unterscheidung geht auf Untersuchungen zurück, die Dietrich Dörner Ende der 1970er Jahre durchgeführt hat (vgl. Betsch et al. 2011, S. 154). So definieren Betsch et al. mit Bezug auf Dörner wie folgt: »Ein einfaches Problem hat man in einer Situation, in der eine einzelne (bekannte) Lücke in einem Handlungsplan zu füllen ist. Ein einfaches Problem ist wohl definiert und besitzt eine Lösung« (ebd.). Demgegenüber besteht ein komplexes Problem »in einer großen Zahl unbekannter Lücken, die sich teilweise erst im Verlauf der Problembearbeitung auftun. Ein komplexes Problem ist eine schlecht definierte Situation und oft ist im Voraus nicht erkennbar, ob ein Lösungsentwurf das Problem wirklich löst« (ebd.). Vor allem die komplexen Probleme sind definitorisch am weitesten von einer Aufgabe entfernt und bieten die meisten Anknüpfungspunkte für heterogene Lerngruppen. Sie werden auch der hier vorgestellten Unterrichtssequenz zugrunde liegen. Um solche komplexen Probleme zu entfalten, haben wir uns an ihren Merkmalsbeschreibungen orientiert. So identifizierten Dörner und seine Forschungsgruppe (1983) fünf Merkmale komplexer Probleme, die von Betsch und Mitarbeitern wie folgt beschrieben werden:

> »Komplexität im Sinne der Anzahl beteiligter Variablen. Vernetztheit im Sinne der Beziehungen zwischen den beteiligten Variablen. Intransparenz im Sinne fehlender oder nicht zugänglicher Informationen über die Problemlage. Dynamik im Sinne der möglichen Veränderung einer gegebenen Situation über die Zeit hinweg und Vielzieligkeit im Sinne der beteiligten Werte und Zielvorgaben, die zu beachten sind.« (Betsch et al. 2011, S. 155)

30 Jahre später rekonstruiert Jonassen (2004; vgl. Biesta 2009, S. 669) vier Dimensionen komplexer Probleme. Vor allem das von ihm herausgearbeitete Merkmal der *Bereichsspezifik* ist von Bedeutung, denn es zeigt, dass Problemlösestrategien, die in *einem* Bereich angewendet oder erworben worden sind, eben nicht unmittelbar auf *andere* Bereiche übertragen werden können (wie es etwa in den Kernlehrplänen gewünscht wird). Vielmehr erfordert jedes Problem in seinem Bereich eigene Fähigkeiten und Strategien.

Aus den genannten Aspekten ergeben sich für den schulischen Kontext drei Konsequenzen:

(1) Lernen im schulischen Rahmen ist überwiegend intentionales, absichtsvolles Lernen (Harnischmacher 2012, S. 146). Weil die externen Handlungsziele schulischen Lernens die internalen Ziele der Schüler/-innen überlagern oder beeinflussen können, wird es selten vollkommen intrinsisch motiviert oder selbstbestimmt sein. Dies wäre aber für die Bearbeitung von *echten* Problemen eine Grundvoraussetzung.

(2) Dennoch kann eine möglichst selbstbestimmte Lernmotivation erreicht werden. Folgt man den Ausführungen von Deci und Ryan (1993) zur Selbstbestimmungstheorie der Motivation, so kann dies gelingen, indem die menschlichen Bedürfnisse nach Autonomie, Kompetenz und sozialer Eingebundenheit angesprochen werden. Lernsituationen sollten so gestaltet werden, dass sie die Befriedigung dieser Bedürfnisse ermöglichen.

(3) Dies kann – so die hier zugrunde liegende Annahme – unter anderem durch die Gestaltung problemhaltiger Situationen erreicht werden. Es werden solche Situationen inszeniert, die mit hoher Wahrscheinlichkeit problemhaltig für heterogene Lerngruppen sind. Das bedeutet, dass sie vielfältige Barrieren auf verschiedenen Ebenen bereithalten müssen, die die Schüler/-innen selbst entdecken und in Folge dessen bearbeiten wollen. Nicht zuletzt bleibt aber immer offen, ob sich ein Problem bei den Schüler/-innen einstellt und wie es gegebenenfalls gelöst werden kann.

Auf Grundlage dieser Überlegungen können fünf Merkmale problemhaltiger Situationen im Musikunterricht benannt werden:

- Sie enthalten vielfältige für die Schüler/-innen wahrnehmbare Barrieren auf verschiedenen Ebenen.
- Sie bieten Raum für musikalisch-ästhetische Auseinandersetzung, durch die bildungsrelevante musikbezogene Lernprozesse initiiert werden können.
- Sie sind so gestaltet, dass sie die Befriedigung der menschlichen Grundbedürfnisse nach Autonomie, Kompetenz und sozialer Eingebundenheit vielfältig und bestmöglich ansprechen (vgl. Deci/Ryan 1993).
- Sie erfordern kollaboratives Problemlösen in Gruppen und berufen sich dabei auf sozial geteiltes Wissen (vgl. Thalemann 2003).
- Sie sind komplex, semantisch eingekleidet gestaltet, weisen einen Bezug zur inner- oder außerschulischen Lebenswelt der Schüler auf und verorten sich in musikspezifischen Bereichen.
- Sie sind mit der Aufforderung zur Produktherstellung verbunden als Ausdruck dessen, dass etwas »Neues« geschaffen werden muss (vgl. Wallbaum 2009).

Die in diesem Beitrag vorgestellte Unterrichtssequenz orientiert sich an diesen Merkmalen (s. Kap. 4). Ihr Gegenstand ist die Modenschaumusik, die in ihren Besonderheiten als ästhetischer Bereich nachfolgend beschrieben wird.

3.2   Modenschaumusik

Modenschaumusik und ihre Basiskonzepte

Grundlage der folgenden Ausführungen ist eine qualitative Forschungsarbeit, in welcher der Gegenstand Modenschaumusik genauer untersucht und systematisiert wurde (vgl. Zenk 2014). In einem Exkurs wird zunächst auf die Gestaltungsebene in der Modenschaumusik selbst eingegangen. Anschließend werden die für die Unterrichtssequenz relevanten Aspekte der Forschungsergebnisse erörtert.

Exkurs: Die Praxis – Gestaltung einer Modenschaumusik

Ob nun auf bestehende Musiken zurückgegriffen oder eine Musik neu komponiert wird – Modenschaumusik wird explizit für eine Modenschau gestaltet und hat spezifischen Zwecken zu dienen. Bei der Gestaltung von Modenschaumusik ist daher auch immer der Aspekt der Funktionalität zu berücksichtigen (vgl. Kap. 2). Mit Barthelmes gesprochen greift daher der musikwissenschaftliche Terminus *Audiodesign:* »Designen heißt gestalten und formen entsprechend einer vorgegebenen Funktion« (Barthelmes 2004, S. 344).

Die Spezifika für die Gestaltung der Modenschaumusik und deren Funktionen wurden durch die Betrachtung des Praxisfeldes selbst herausgearbeitet (zum Forschungsdesign vgl. Zenk 2014, S. 88 ff.) und zum Begriff Modenschaumusik verdichtet:

> *Modenschaumusik* ist ein wesentliches Element des Marketinginstruments Modenschau. Sie unterstreicht eine präsentierte Kollektion, erschafft eine Atmosphäre, koordiniert die Choreographien von Models und strukturiert den Ablauf der Modenschau. Über diese und die allgemein aktivierenden Wirkungen von Musik wird das Publikum eingebunden, um Erinnerung und Einstellungen zu Mode und Unternehmen positiv zu beeinflussen. Ihre Auswahl wird in einem Passungsprozess, gelenkt von Designern, Musikern und Produzenten, zwischen Kriterien der Modenschau und der Musik ermittelt. Eine Modenschaumusik kann aus einer Compilation, einer Live-Performance oder einem DJ-Mix bis hin zu einem eigenen, für die Modenschau erstellten Catwalk-Track bestehen. Im Anschluss an eine Modenschau kann sie in der Presse diskutiert, kommerziell weiter verwertet und zugleich popularisiert werden. (Zenk 2014, S. 261)

Mit der kategorienbasierten Auswertung und Zusammenführung der Ergebnisse ließ sich ein Modell erstellen, welches ein prozessuales Abbild des Feldes Modenschaumusik darstellt: In der Konzeptphase werden in einem Passungsprozess modenschau- und musikbezogene Kriterien mit Blick auf die intendierten Wirkungen zueinander in Einklang gebracht. In der Aufführung der Modenschau erklingt eine auditive Schicht, deren tatsächliche Wirkungen – im besten Falle – mit den beabsichtigten übereinstimmen.

Die Konzeptphase ist vor allem durch Gestaltungsprozesse mit dem übergeordneten, funktionalen Ziel der Passung gekennzeichnet. Hier liegen, abhängig von den jeweils beteiligten Personen, verschiedene Interaktionskonstellationen und -muster vor: So greift ein Designer bereits vor Beginn der Kollektionsentwicklung eine Idee aus einer Filmmusik auf, die ihn den ganzen Designprozess über begleitet. Diese Musik wird schließlich ihren Platz in der auditiven Schicht finden. Andere Designer sammeln im Laufe der Saison selbst Musik, welche sie für ihre sich in der Entstehung befindende Kollektion als passend erachten. Zur Modenschau stellen sie die Auswahl der Lieder entweder selbst zu einer auditiven Schicht zusammen oder sie engagieren einen DJ, der die Musik mixt. Andere Designer arbeiten mit einem Komponisten zusammen. Der Designer verdeutlicht dem Komponisten die Designidee(n), dieser greift die kreativen Hinweise auf und setzt sie musikalisch um. Oder es wird direkt ein Auftrag an eine externe Person, meist an einen DJ, erteilt, d.h. die Designer überlassen die Musikauswahl der ausgewählten Person und konzentrieren sich selbst auf ihre Kernkompetenzen im Modedesign.

Die Abstimmung zwischen Mode, Modenschau und Musik wird also auf unterschiedliche Weise vorgenommen und hängt von den beteiligten Personen selbst ab. Dabei sind die Passung und ihre zugrunde liegenden Kriterien Konstanten im Handlungsfeld der Gestaltung einer Modenschaumusik.

Zur Relevanz von Modenschaumusik in der Lebenswelt von Jugendlichen

Dass Modenschauen und damit auch ihre Musik ein lebensweltrelevantes Thema sind, wird sowohl an diversen Foreneinträgen im Internet deutlich (vgl. Zenk 2014, S. 263 f.) als auch an dem langjährigen Erfolg der Fernsehshow *Germany's Next Top Model* von und mit Heidi Klum. Seit 2006 wird diese Show auf dem privaten Sender *ProSieben* ausgestrahlt und befindet sich aktuell, 2015, in der zehnten Staffel. Ein Überblick über die Entwicklung der Zuschauermarktanteile zeigt zwar einen rückläufigen Trend, dennoch erfreut sich die Sendung weiterhin großer Beliebtheit; insbesondere viele jugendliche Stammzuschauer schalten regelmäßig ein. Auch der Verkauf von ausgekoppelten CD- beziehungsweise MP3-Compilations zur Sendung (*The Best Catwalk Hits*) unterstreicht die mediale Verbreitung und Verwertung der Modenschaumusik.

Eine Diskussion der Modenschaumusik im Unterricht schafft Anknüpfungspunkte für rezeptive und reflektierende Betrachtungen von Musikeinsatz und -wirkung und kann durchaus über die Musik hinausgehen: Modenschauen befinden sich in einem thematischen Feld, das soziokulturelle wie auch medienreflektierende und ökonomische Betrachtungen ermöglicht.

Modenschaumusik als Unterrichtsgegenstand

Auf Basis des Begriffs Modenschaumusik und des zugrundeliegenden Modells ließ sich der Unterrichtsgegenstand der entwickelten Unterrichtssequenz konturieren. Für die Gestaltung der Unterrichtssequenz waren insbesondere (1) die Passungskriterien für die Auswahl der Musik sowie (2) die auditive Schicht von Modenschauen von Bedeutung.

(1) Passungskriterien: In einem Passungsprozess werden *modenschaubezogene* (die Art der Mode, das anwesende Zielpublikum sowie die Aktivierung der Models) und *musikbezogene* Kriterien (Darbietungsart, Genre, Instrumentation, Tempo und Form) miteinander in Einklang gebracht. Dabei spielen die Vorstellungen der Beteiligten eine wesentliche Rolle. Das Basiskriterium ist die präsentierte Mode: Dem Design der Kleidung liegt eine Idee oder eine Stimmung zu Grunde – zum Beispiel Sommer und Strand, ein politisches Thema oder auch spezifische Jugendkulturen. Zugleich wird mit dieser Mode auch eine Zielgruppe angesprochen. Diese beiden zusammenhängenden Kriterien bestimmen dementsprechend die Musik, die sowohl die Stimmung transportieren als auch die Zielgruppe ansprechen soll. Ein weiterer wichtiger Aspekt ist der Ablauf der Modenschau: Pressemodenschauen verlaufen oft nach einem etablierten Schema, dem eine Steigerung bis zum Ende der Schau mit einem Abend- oder Hochzeitskleid zugrunde liegt. Auch hier ist es die Aufgabe der Musik, diesen Spannungsbogen zu unterstützen. Während also die Musikauswahl vornehmlich durch die Kriterien Mode und Ablauf bestimmt wird, ist bei dem Kriterium Tempo ein entgegengesetzter Einfluss festzustellen: Die Modenschau braucht ein bestimmtes Tempo, das in der Regel zwischen 110 und 115 bpm liegt. Die Models werden dadurch für ihren Catwalk animiert und können ihre Bewegungen besser koordinieren.

(2) Auditive Schicht einer Modenschau: Diese kann gestaltet sein als Live-Performance, Compilation, DJ-Mix/Montage, Catwalk-Track, Cover- oder Werbesong. In einer Live-Performance sind meist bekannte Künstler/innen zu sehen oder solche, deren Durchbruch kurz bevor steht, sodass bestimmte Trends aufgegriffen beziehungsweise vermittelt werden. Bei einer Compilation erklingt eine Playlist mit thematisch zusammenpassenden Songs. Der DJ-Mix beziehungsweise die Track-Montage nimmt vor-

handenes Songmaterial und loopt, bearbeitet oder verändert dieses. Der Übergang von Mix zu Montage ist dabei fließend, die einzelnen Songs bleiben mehr oder weniger gut erkennbar. Eine Komposition in Form des Catwalk-Tracks ist eine eigens für die Modenschau gestaltete Musik, die von einem Komponisten oder Sounddesigner nach den Vorgaben des Modedesigners oder des Modenschauproduzenten erstellt wird. Hierunter lassen sich auch der Coversong und der Werbesong fassen, da beide explizit für die Modenschau geschrieben werden. Eine auditive Schicht ohne Musik ist heute äußerst selten.

In Anlehnung an die Verfahren zur Gestaltung einer auditiven Schicht standen den Schüler/-innen im Rahmen der Musikunterrichtssequenz drei Möglichkeiten zur Vertonung einer Modenschau zur Wahl: (1) Live-Performance, (2) Eigenkomposition aus dem Loopangebot der Software *GarageBand* oder (3) Erstellen einer Compilation aus vorhandenen Songs in *GarageBand*. Diese Software der Firma *Apple* ist eine gängige digitale Audio Workstation und ermöglicht unter Verwendung eigener Aufnahmen, von Apple zur Verfügung gestellter Audioloops oder digitaler MIDI-Instrumente das Komponieren von Musikstücken, auch zu Videomaterial. Während es schließlich nur eine Live-Performance-Schülergruppe gab, fanden sich jeweils drei Arbeitsgruppen zu den anderen beiden Möglichkeiten zusammen (vgl. Kap. 4).

3.3   Musikalisches Gestalten

Merkmale des Gestaltens aus musikdidaktischer Perspektive

Wenn eingangs auf den Begriff des Gestaltens allgemein eingegangen wurde, so sollen nun musikdidaktische Perspektiven entfaltet werden. Der Wert des Gestaltens als Methode wird nicht nur im Bereich der Kunstpädagogik, sondern auch in musikdidaktischen Überlegungen gesehen. So möchten etwa Jank et al. im Rahmen des von ihnen entwickelten Konzepts des Aufbauenden Musikunterrichtes durch die verschiedenen Formen des musikalischen Gestaltens »Erfahrungsräume« öffnen; gleichzeitig betonen sie aber auch den Eigenwert des musikalischen Gestaltens (Jank 2013, S. 123). Dementsprechend bildet musikalisches Gestalten neben dem Aufbau musikalischer Fähigkeiten und der Erschließung von Kultur eines der zentralen Praxisfelder des Aufbauenden Musikunterrichts. Diese sind allerdings nicht voneinander isoliert, sondern es ergeben sich vielfältige Wechselwirkungen zwischen ihnen. So betont die Autorengruppe um Jank etwa, musikalisches Gestalten basiere auf einem elementaren Können, biete gleichzeitig aber auch die Möglichkeit, Gekonntes anzu-

wenden, zu üben und zu erweitern (Jank 2007, S. 96). Außerdem bilde es die
Grundlage musikalisch-ästhetischer Erfahrung und der Erschließung von Kultur, welche ihrerseits wiederum dazu beitragen könnten, Maßstäbe für die
Qualität des eigenen musikalischen Gestaltens zu entwickeln (ebd.). Auch hier
besteht also – ähnlich wie in der Kunstpädagogik – eine Verbindung zwischen
Gestalten und Bildungs- beziehungsweise Lernprozessen. Doch was wird im
musikdidaktischen Kontext nun ganz konkret unter den Begriffen Gestalten
beziehungsweise Gestaltung verstanden?

Der Begriff Gestalten beschränkt sich in der musikdidaktischen Literatur
keineswegs auf das bloße Reproduzieren bereits vorhandener Musik. So charakterisiert Hoch den musikalischen Gestaltungsprozess als einen »Vorgang der
Auslese und der Zusammensetzung von Material, im Wesentlichen also ein ex-
perimentelles Verfahren.« (Hoch 1985, S. 184) Hier beziehen sich die Begriffe
Gestalten beziehungsweise Gestaltung also offensichtlich auf einen Vorgang, der
an anderen Stellen auch als das »Erfinden von Musik« bezeichnet wird (Nimczik
1997; Weber 2005; Kramer 2006). Man könnte dementsprechend also zwischen
einem eher reproduktiv ausgerichteten und einem produktiv ausgerichteten
musikalischen Gestalten unterscheiden. Letzteres würde dann den Prozess der
Formgebung von musikalischem Material bezeichnen, wie er sich beim Komponieren beziehungsweise Improvisieren vollzieht. Verläuft ein solcher Prozess
innerhalb einer Gruppe, was im unterrichtlichen Zusammenhang die Regel sein
dürfte, so erfordert er Nimczik zufolge unter anderem »gemeinsames Planen,
Konzipieren, Probieren, Verwerfen, Verändern« (Nimczik 1997, S. 179). Beim
produktiven Gestalten einer eigenen Musik dürfte es sich also um einen äußerst
komplexen Vorgang handeln. In Musikpsychologie und systematischer Musikwissenschaft werden Komposition und Improvisation sogar explizit als Pro-
blemlösungsprozesse bezeichnet (Bullerjahn 2005, S. 605; Lehmann 2005,
S. 948).

Die vorausgegangenen Ausführungen bündelnd, soll hier nun der Versuch
unternommen werden, drei Merkmale zu skizzieren, durch die sich ein musikdidaktischer Begriff von Gestalten – im Sinne des ›produktiven musikalischen Gestaltens‹ – auszeichnen könnte:

(a) Musikalisches Gestalten bezeichnet die *Formgebung musikalischen Mate-*
    rials beim Komponieren beziehungsweise Improvisieren.

(b) Es ist ein *Prozess, der sich durch Vielschichtigkeit sowie hohe Komplexität*
    auszeichnet und damit geeignet erscheint, um im Zentrum problemhaltiger
    Lernsituationen im Musikunterricht zu stehen.

(c) Die Relevanz des Gestaltens ergibt sich für die Musikdidaktik einerseits aus
    dessen Eigenwert, andererseits aber auch durch seine *Bedeutung als Me-*
    thode um Lern- und Bildungsprozesse zu initiieren.

Auf den letzten Aspekt wird im Anschluss an die Darstellung der Begleitforschung und der Unterrichtsplanung noch genauer eingegangen.

4. Begleitforschung

Da dieser Unterrichtsversuch im Rahmen eines umfangreicheren Forschungsvorhabens zur Problemorientierung im Musikunterricht durchgeführt worden ist, sind sämtliche Stunden videografiert sowie die Gespräche der Schülerarbeitsgruppen audiodigital aufgezeichnet worden. Diese Aufzeichnungen sind noch einer eingehenden qualitativ-empirischen Analyse zur Rekonstruktion von Problemlöseprozessen aus Schülerperspektive zu unterziehen. Doch bereits auf Basis einer ersten Sichtung der Daten lassen sich Rückschlüsse darüber ziehen, wie die Schüler/-innen die problemhaltigen Lernsituationen wahrgenommen haben und welcher methodische Wert dem produktiven musikalischen Gestalten konkret zugeschrieben werden kann. Darauf wird in Kapitel 6.3 eingegangen. Im folgenden Abschnitt wird die Gestaltung der Unterrichtssequenz dargelegt und diskutiert.

5. Konsequenzen für die Unterrichtsgestaltung – Darstellung der Planung einer problemorientierten Unterrichtssequenz zum Gestalten von Modenschaumusik

Anliegen war es, eine Unterrichtssequenz für den Musikunterricht zu gestalten, die solche problemhaltigen Situationen für die Schüler/-innen bereithält, die musikalische Gestaltungsprozesse am Gegenstand einer Modenschaumusik auslösen.

Dabei sind die drei identifizierten Merkmale musikalischen Gestaltens auf unterschiedlichen Ebenen zu verorten. Das Merkmal (a) der Formgebung musikalischen Materials äußert sich in den Schülerprodukten, den Modenschauvertonungen. Das Merkmal (b) des vielschichtigen und komplexen Prozesses ist intensiv mit der Darstellung problemhaltiger Situationen im Musikunterricht beschrieben worden. Schließlich wird das Merkmal (c) des Gestaltens als Methode in den tatsächlich ausgelösten und von den Schüler/-innen wahrgenommenen und beschriebenen Lernprozessen deutlich, die sich auf Grundlage ihres kreativ-musikalischen Gestaltens ergeben haben.

Merkmal (a): Gestalten als Formgebung – Die Modenschau Flowerbomb für die Unterrichtsstunde

Das Unterrichtskonzept beruht auf dem Gestalten als Formgebung. Hierfür wurde eine Modenschau der holländischen Designer Viktor Horsting und Rolf Snoeren (V&R) ausgewählt und entsprechend vorbereitet. V&R können als konzeptuelle Designer bezeichnet werden; ihre Mode ist innovativ und experimentell, aber dennoch von einer gewissen Tragbarkeit gekennzeichnet (vgl. Duggan 2001; Ward 2006a, S. 187).

V&R haben fast alle Modenschauen online zur Verfügung gestellt. Die Wahl fiel auf die Modenschau *Flowerbomb* (vgl. V&R 2005), da sie aufgrund ihres Aufbaus und der Mode klar gegliedert ist sowie auffällige und einprägsame Kleidung enthält. Die Modenschau besteht aus zwei kontrastierenden und sich voneinander abgrenzenden Teilen. Im ersten Teil der Modenschau wird eine düstere Stimmung erzeugt: Die vorgeführte Kleidung ist aus schwarzen Stoffen gefertigt, und mit den für V&R typischen Schleifen-Ausschweifungen versehen. Durch schwarze Motorradhelme wird die unnahbare und dunkle Stimmung unterstrichen. Die Models treten einzeln auf, posieren, gehen ab und sammeln sich dann am Ende des Laufstegs auf einer dafür arrangierten Bühne mit Steinen als Sitzgelegenheiten. Mit dem letzten Model ist das Tableau Vivant vollendet. Das Licht ist nun dunkel. Es erklingt eine Computer-Stimme, die einen Countdown anzählt, der mit einem pyrotechnischen Effekt endet. Die Bühne dreht sich, das Publikum jubelt. Nachdem sich die Bühne auf ihre Rückseite gedreht hat, wird ein weiteres Tableau Vivant sichtbar – die Models erscheinen nun transformiert in rosa-farbenen Kleidern und hell-pinkem Make-Up. Auch im zweiten Teil wird das Schleifenmotiv aufgegriffen. Die finale Runde der Models sowie das Erscheinen der beiden Designer wurden von uns für die Unterrichtssequenz herausgeschnitten, um die Modenschau auf eine für die Schüler/-innen bearbeitbare Länge von ursprünglich 18 auf ca. vier Minuten zu kürzen.

Merkmal (b): Gestalten als vielschichtiger und komplexer Prozess – Problemorientierung im Musikunterricht

Wie bereits ausgeführt, eignet sich das produktive musikalische Gestalten aufgrund seiner Merkmale zur Inszenierung problemhaltiger Situationen im Musikunterricht (vgl. Kap. 3.1 und 3.3).

Merkmal (c): Gestalten als Methode – Inszenierung musikalischer Gestaltungsprozesse in der Unterrichtssequenz

Die Unterrichtssequenz schloss sich an eine längere Reihe an, innerhalb derer sich die Schüler/-innen theoretisch und auch praktisch mit verschiedenen Techniken und Funktionen der Filmmusik auseinandergesetzt hatten, sodass die Lerngruppe mit einer Form der funktionellen Musik vertraut war. Für die Durchführung der Unterrichtssequenz standen insgesamt dreimal 60 Minuten zur Verfügung.[2] Tab. 1 gibt einen komprimierten Überblick über die Unterrichtssequenz.

Phase	Inhaltsaspekt, Lehrer-/Schülerhandlungen
Einstieg	Präsentation der Modenschau ohne Ton; Schüler/-innen artikulieren erste Eindrücke; Lehrerimpuls: »*Äußert Vermutungen dazu, was bei der Gestaltung von Modenschaumusik beachtet werden muss.*«
Problemstellung	»*Gestaltet eine Musik, die richtig gut zu dieser Modenschau passt!*« Schüler/-innen entscheiden sich für eine der Gestaltungsmöglichkeiten & bilden selbstständig Gruppen: (1) Live-Performance (2) Eigenkomposition mit Loops (3) Erstellen einer Compilation
Erarbeitung *(Stunde 1&2)*	Schüler/-innen gestalten in Kleingruppen und freier Arbeits- und Zeiteinteilung eine Modenschaumusik.
Präsentation & Auswertung *(Stunde 3)*	Präsentation & Auswertung der Schülerprodukte; Reflexion des Arbeitsprozesses
Sicherung	Schüler/-innen erläutern mögliche Funktionen und Wirkungen von Modenschaumusik

Tab. 1: Verlauf der Unterrichtssequenz

Technisch-organisatorische Vorbereitungen

Für eine strukturierte Durchführung waren zahlreiche organisatorische und technische Vorbereitungen notwendig. Zunächst konnten sich die Schüler/-innen in einer vorbereitenden Musikunterrichtsstunde mit der Musikbearbeitungssoftware *GarageBand* vertraut machen. Dafür mussten mehrere Computer mit dieser Software bereitgestellt werden: Auf insgesamt sieben Laptops wurden

---

2 Im seit dem 01. August 2014 geltenden Kernlehrplan für das Fach Musik für Nordrhein-Westfalen sind die drei Kompetenzbereiche Produktion, Rezeption und Reflexion ausgewiesen. Jeder dieser Kompetenzbereiche wird auf jedes der drei Inhaltsfelder Entwicklungen von Musik, Bedeutungen von Musik und Verwendungen von Musik bezogen. Die hier durchgeführte Unterrichtssequenz lässt sich demnach im Kompetenzbereich Produktion und dem Inhaltsfeld Verwendungen von Musik verorten.

entsprechende Versionen der System- wie auch der Audiosoftware aufgespielt sowie Loop-Datenbanken und ein Songvorrat angelegt. Schließlich war die differenzierte Gruppenarbeit nur möglich, weil insgesamt drei ausreichend große Räume zur Verfügung standen. Diese wurden mit Videokameras und Audioaufnahmegeräten für die Begleitforschung ausgestattet.

Während die Schüler/-innen in den ersten beiden Stunden relativ eigenständig an ihren musikalischen Gestaltungen arbeiteten, stand die dritte Stunde im Zeichen der Produktpräsentation. Nach der vollständigen Vorstellung der jeweiligen Modenschaumusiken diskutierten die Schüler/-innen im Plenum, inwieweit die in der ersten Stunde im Anschluss an die Darbietung der Modenschau ohne Ton intuitiv entwickelten Passungskriterien in den Schülergestaltungen berücksichtigt wurden. Es wurde intensiv erörtert, inwiefern die Produkte zur Modenschau passend erschienen. Hieran anknüpfend konnten Überlegungen zur Funktion von Modenschaumusik sowie zur Wirkung von Musik auf die Wahrnehmung von Mode und ihrer Präsentation vergleichend angestellt werden. Es zeigte sich, dass die Schüler/-innen sowohl einen kritisch-fundierten Blick auf ihre eigenen und die Produkte ihrer Mitschüler/-innen hatten als auch ihren Gestaltungsprozess detailliert beschreiben konnten. Gerade in dieser angeleiteten reflektierenden Aussprache haben sich die individuellen Erlebnisse der Schüler/-innen zu musikalischen Lernerfahrungen verdichtet, wie die Schüleräußerungen deutlich machen (vgl. Kap. 6.3).

6.   Reflexion

6.1   Musikalisches Gestalten als Formgebung – die Schülerergebnisse

Alle Arbeitsgruppen entwickelten im Rahmen der Unterrichtssequenz eine angemessene Vertonung der Modenschau. Einige hatten sogar Gelegenheit, mehrere Versionen zu entwickeln. Die Schüler/-innen äußerten, dass die Mode durch die verschiedenen Musiken jeweils unterschiedlich in Szene gesetzt wurde. Außerdem war es den Schüler/-innen wichtig, dass die gestaltete Musik auch zu den Produzenten – also zu ihnen selbst – passte. Auf Grund der fundierten kritischen Sicht der Schüler/-innen auf ihre eigenen Produktionen kann vermutet werden, dass ein weiterer, sich anschließender Gestaltungsprozess zur Überarbeitung der Modenschaumusiken gute Ergebnisse im Sinne einer noch stärker differenzierten musikalischen Formgebung hervorgebracht hätte.

6.2   Problemhaltige Elemente

Der Problemlöseprozess verläuft in allen beobachteten Schülergruppen zirkulär in sich wiederholenden phasenartigen Bearbeitungsschleifen. Zudem zeigt sich, dass das frühzeitige Erreichen eines Erfolgserlebnisses wichtig für eine anhaltende zufriedenstellende Problembearbeitung ist. Das Erfolgserlebnis sollte sich bestenfalls relativ rasch im Anschluss an die anfängliche Frustrations- und Ausprobierphase einstellen. Nach ersten Analysen können die von den Schüler/-innen identifizierten und bearbeiteten Probleme bezüglich zweier Ebenen systematisiert werden: auf der Ebene der ästhetischen Gestaltung oder auf der Ebene der technisch-organisatorischen Durchführung. Das erwähnte Erfolgserlebnis ist nun vor allem dann tragfähig für den Problembearbeitungsprozess, wenn die Schüler/-innen selbstständig ein Problem auf der Ebene der ästhetischen Gestaltung bearbeitet haben. Auf dieser Ebene sind die Schüler/-innen immer vor die Frage gestellt, ob die gestaltete Musik zu einem bestimmten Aspekt passt. Die Lerngruppen diskutieren diesbezüglich die Passung der gewünschten Musikgestaltung zum Modenschauverlauf, zur präsentierten Mode, zu deren Präsentation durch die Models sowie zu ihnen selbst als Musikproduzenten. Gestaltungsorientierende musikalische Parameter sind hierbei überwiegend Takt, Tempo, Lautstärke, Beat, Text, Klangfarbe und Ausdruck sowie Darstellung von Kontrast und Übergang. Welchen Beitrag die Bearbeitung von identifizierten Problemen auf der technisch-organisatorischen Ebene leistet, wird andernorts vertieft (vgl. Dreßler 2016).

6.3   Gestalten von Musik und die Initiierung von auf Musik bezogenen Lernprozessen

Der Blick in die fachdidaktische Literatur zeigt, dass mit dem produktiven musikalischen Gestalten, wie es sich beim Komponieren oder Improvisieren ereignet, Hoffnungen auf das Erreichen zahlreicher Lernziele verbunden sind. So wird etwa betont, durch das Erfinden eigener Musik könnten Schüler/-innen einen Einblick in und Verständnis für den schöpferischen Arbeitsprozess erhalten (vgl. Hoch 1985, S. 184; Kramer 2006, S. 340) sowie Vertrautheit mit der künstlerischen Denkweise entwickeln, die sich durch die Pluralität von Lösungsmöglichkeiten auszeichne (vgl. Ansohn 1992, S. 13; Weber/Weber 1992, S. 8).

Im Folgenden sollen auf Grundlage von ausgewählten Schüleräußerungen bei der gemeinsamen Reflexion im Klassenplenum erste Aussagen dazu getroffen werden, inwiefern solche Lernprozesse initiiert worden sein könnten.

Eine Schülerin geht in der Tat explizit darauf ein, dass sie Erkenntnisse in

Bezug auf den kreativen Schaffensprozess gewonnen hat. Sie sagt, sie habe erkannt, wie komplex der Vorgang des Gestaltens einer passenden Musik sei. Ausdrücklich bewertet sie dies als eine »wirklich gute Erfahrung«. In einer weiteren Äußerung jener Schülerin findet man auch Hinweise darauf, dass in den Gruppen bei der Produktherstellung intensiv diskutiert wurde:

> »Wir haben dann halt so ein bisschen auch argumentiert, also wenn man halt anderer Meinung war, hat man halt auch eben gesagt, wieso, zum Beispiel, wenn man dann eben fand, ja, das passt jetzt nicht so ganz zum Stil der Mode oder das würde doch besser passen, weil das düster war.«

Dies könnte als ein Hinweis darauf verstanden werden, dass in der Gruppe jener Vorgang stattgefunden hat, den Wallbaum in seinen Überlegungen zur Produktionsdidaktik als ästhetischen Streit bezeichnet: Er versteht darunter, eine Auseinandersetzung beziehungsweise eine Verständigung über die Gelungenheit eines Produkts (vgl. Wallbaum 2000, S. 238 f.). Der ästhetische Streit ist also ein Aushandlungsprozess, bei dem die Faktur der zu erstellenden Musik zur Disposition steht. Voraussetzung hierfür ist das Einnehmen eines spezifisch ästhetischen Wahrnehmungsmodus, der für Wallbaum seinerseits wiederum die Grundlage dafür bildet, ästhetische Erfahrungen machen zu können. Es dürfte also durchaus davon ausgegangen werden, dass Schüler/-innen durch einen problemorientierten Zugang zum produktiven musikalischen Gestalten ästhetische Erfahrungen ermöglicht werden können.

In anderen Schüleräußerungen kommt zum Ausdruck, dass während des Produktionsprozesses eine künstlerische Denkhaltung eingenommen wurde. Eine Schülerin verweist beispielsweise auf die »Spannung«, die sich daraus ergeben habe, dass zu einer einmal gefundenen Lösung prinzipiell auch Alternativen denkbar gewesen wären. Man habe sich in der Gruppe nämlich auch gefragt, wie wohl das Original klingen würde. Letztlich, so die Schülerin weiter, habe die Gruppe aber ihr »eigenes Ding kreiert«. Die Gruppenmitglieder haben vermutlich erkannt, dass es beim produktiven musikalischen Gestalten nicht darum geht, einer bestimmten Musterlösung möglichst nahe zu kommen, sondern einen eigenen Weg zu beschreiten, der zu einem individuellen und für sie passenden Produkt führt.

Den Weg zu einem solchen individuellen Produkt beschreibt ein Schüler aus der Gruppe, die mit Instrumenten gearbeitet hat, als Prozess des Erprobens und Revidierens. Hinsichtlich der musikalischen Gestaltung des Feuerwerks in der Mitte der Modenschau äußert er: »Wir haben das halt unterschiedlich vorbereitet und man hat das immer wieder verworfen.« Die Schüler/-innen haben ihre Ideen intensiv auf deren Brauchbarkeit hin überprüft und sind auch in der Lage, dies später zu artikulieren. Sie haben also eine Phase, die charakteristisch für kreative Prozesse und künstlerisches Arbeiten ist (vgl. La Motte-Haber 1996, S. 333), ganz bewusst durchlebt.

Wenn auch im Einzelnen noch genauer zu untersuchen sein wird, welcher Ertrag sich aus der Inszenierung problemhaltiger Situationen, in deren Zentrum das produktive Gestalten von Musik steht, ergeben kann, so darf auf Basis der ersten Ergebnisse angenommen werden, dass innerhalb von entsprechenden Unterrichtssequenzen potenziell vielfältige musikbezogene Lernprozesse initiiert werden können. Nicht zuletzt sei betont, dass der Umgang mit Modenschaumusik als einem lebensweltlich relevanten und anregenden Phänomen besonders geeignet scheint, solche Lernprozesse auszulösen.

7. Ausblick

Abschließend seien einige Anschlussfragestellungen aufgeworfen, die sich aus den bisherigen Erkenntnissen ergeben und denen in der anstehenden qualitativ-empirischen Analyse nachgegangen werden soll. Wenn Musik gestalten als ein fruchtbarer Bereich für Problemlöseprozesse gilt, weil man an einem wahrnehmbaren Produkt arbeitet, so ließe sich fragen, ob problemhaltige Situationen auch für andere Bereiche gestaltet werden können.

Die ersten Analysen verweisen darauf, dass die verschiedenen Gestaltungsverfahren (Live-Performance, Compilation, Eigenkomposition mit Loops) unterschiedliche Vorgehensweisen implizieren. Zugleich zeigen sich auch Unterschiede in der Gruppenarbeitsweise je nach Geschlechtermischung. Ergebnisse dieser Analyse können unter Umständen ertragreich für die Unterrichtsgestaltung sein. Nicht zuletzt ist deutlich geworden, dass sich aus der Auseinandersetzung mit den Produkten während der Veröffentlichungsphase im Plenum wichtige Impulse für die Reflexion ergeben haben. Welche Bedeutung diese Reflexion für ein erneutes Arbeiten an den eigenen Produkten haben könnte und welches Potential damit in dieser Unterrichtsphase für Problemlöseprozesse beziehungsweise musikalische Gestaltungsprozesse steckt, ist weiter zu erforschen.

Literatur

Ansohn, Meinhard (1992): Eigene Klangwege finden. Komponieren in Klasse 3–6. In: Musik & Unterricht 3 (13), S. 13–16.

Arbinger, Roland (1997): Psychologie des Problemlösens; Eine anwendungsorientierte Einführung. Darmstadt.

Barthelmes, Barbara (2004): Experimentieren, Basteln, Gestalten, Inszenieren. Wandlungen des künstlerischen Selbstverständnisses. In: La Motte-Haber, Helga de (Hrsg.),

Musikästhetik (= Handbuch der systematischen Musikwissenschaft, Bd. 1). Laaber, S. 330–352.

Biesta, Gerd J. J. (2009): Problemlösen. In: Andresen, Sabine/Casale, Rita/Gabriel, Thomas/Horlacher, Rebekka/Larcher Klee, Sabina/Oelkers, Jürgen (Hrsg.), Handwörterbuch Erziehungswissenschaft. Weinheim, S. 666–681.

Bullerjahn, Claudia (2005): Kreativität. In: La Motte-Haber, Helga de/Rötter, Günther (Hrsg.), Musikpsychologie (= Systematische Musikwissenschaft, Bd. 3). Laaber, S. 600–619.

Cvetko, Alexander/Meyer, Daniel (2009): Problemlösen im Musikunterricht – Interdisziplinarität als Ausgangspunkt für eine kompetenzorientierte Perspektive. In: Schläbitz, Norbert (Hrsg.), Interdisziplinarität als Herausforderung musikpädagogischer Forschung (= Musikpädagogische Forschung, Bd. 30). Essen, S. 67–96.

Deci, Edward L./Ryan, Richard M. (1993): Die Selbstbestimmungstheorie der Motivation und ihre Bedeutung für die Pädagogik. In: Zeitschrift für Pädagogik 39 (2), S. 223–238.

Dreßler, Susanne (2016): Problem als Leitbegriff? Facetten eines problemorientierten Unterrichts. In: Dreßler, Susanne (Hrsg.), Problem – Aufgabe – Kompetenz – Widerfährnis? Perspektiven zum Problemlösen im (Musik-)Unterricht. Eine interdisziplinäre Arbeitstagung. Tagungsband. Bonn (in Vorbereitung).

Dörner, Dietrich (1976): Problemlösen als Informationsverarbeitung (= Kohlhammer Standards Psychologie: Studientext: Teilgebiet Denkpsychologie). Stuttgart – Berlin – Köln – Mainz.

Dorschel, Andreas (2002): Gestaltung – Zur Ästhetik des Brauchbaren (= Beiträge zur Philosophie, Neue Folge). Heidelberg.

Duggan, Ginger Gregg (2001): The Greatest Show on Earth: A Look at Contemporary Fashion Shows and Their Relationship to Performance Art. In: Fashion Theory 5 (3), S. 243–270.

Grunau, Jens-Peter (2008): Lösen komplexer Probleme: Theoretische Grundlagen und deren Umsetzung für Lehre und Praxis. Tönning – Lübeck – Marburg.

Harnischmacher, Christian (2008): Subjektorientierte Musikerziehung: Eine Theorie des Lernens und Lehrens von Musik (= Reihe Wissner-Lehrbuch, Bd. 9). Augsburg.

Hessisches Kultusministerium (Hrsg.) (2010): Bildungsstandards und Inhaltsfelder. Das neue Kerncurriculum für Hessen. Sekundarstufe I – Gymnasium. Musik. Wiesbaden. https://la.hessen.de/irj/servlet/prt/portal/prtroot/slimp.CMReader/HKM_15/LSA_Internet/med/3d6/3d660e7a-7f32-7821-f012-f31e2389e481,22222222-2222-2222-2222-222222222222 [20.08.2015].

Hirdina, Heinz (2001): Design. In: Barck, Karlheinz/Fontius, Martin/Wolfzettel, Friedrich/Steinwachs, Burkhart (Hrsg.), Ästhetische Grundbegriffe. Ein historisches Wörterbuch in sieben Bänden, Bd. 2. Stuttgart – Weimar, S. 41–62.

Hoch, Peter (1985): Vom musikalischen Tun – Plädoyer für eine schöpferische Schulmusikpraxis. In: Helms, Siegmund/Hopf, Helmuth/Valentin, Erich (Hrsg.), Handbuch der Schulmusik. 3. Aufl. Regensburg, S. 179–191.

Jank, Werner (Hrsg.) (2007): Musikdidaktik. Praxishandbuch für die Sekundarstufe I und II. 2. Aufl. Berlin.

Jank, Werner (Hrsg.) (2013): Musikdidaktik. Praxishandbuch für die Sekundarstufe I und II. 5. Aufl. Berlin.

Kramer, Wilhelm (2006): Musik erfinden. In: Helms, Siegmund/Schneider, Reinhard/
Weber, Rudolf (Hrsg.), Handbuch des Musikunterrichts. Bd. 2. Sekundarstufe I. 2. Aufl.
Kassel, S. 335–363.

Lehmann, Andreas C. (2005): Komposition und Improvisation: Generative musikalische
Performanz. In: Stoffer, Thomas H./Oerter, Rolf (Hrsg.), Allgemeine Musikpsychologie
(= Enzyklopädie der Psychologie, Themenbereich D, Serie VII, Bd.1). Göttingen,
S. 913–954.

La Motte-Haber, Helga de (1996): Handbuch der Musikpsychologie. 2. Aufl. Laaber.

Link, Frauke (2011): Problemlöseprozesse selbstständigkeitsorientiert begleiten: Kontexte
und Bedeutungen strategischer Lehrerinterventionen in der Sekundarstufe I. Wiesbaden.

Ministerium für Schule und Weiterbildung NRW (Hrsg.) (2014): Kernlehrplan für die
Sekundarstufe II Gymnasium/Gesamtschule in Nordrhein-Westfalen. Musik. http://
www.schulentwicklung.nrw.de/lehrplaene/upload/klp_SII/mu/KLP_GOSt_Musik.pdf
[20.08.2015].

Nimczik, Ortwin (1997): Erfinden von Musik. In: Helms, Siegmund/Schneider, Reinhard/
Weber, Rudolf (Hrsg.), Handbuch des Musikunterrichts. Bd. 3. Sek. II. Regensburg,
S. 169–188.

Penzel, Joachim (2010): Gestalten als ganzheitliche Bildung. Perspektiven einer integralen
methodologischen Pluralität eines neuen Unterrichtsfachs. In: Penzel, Joachim/Meinel, Frithjof (Hrsg.), Gestalten und Bilden. Methodendiskurs als Impuls für den Unterricht (= Kontext Kunstpädagogik, Bd. 25). München, S. 17–35.

Thalemann, Susanne (2003): Die Rolle geteilten Wissens beim netzbasierten kollaborativen Problemlösen. Freiburg i. Brsg. http://www.freidok.uni-freiburg.de/volltexte/
1327/pdf/Dissertation_Thalemann.pdf [05.09.2014].

Urban, Klaus K. (2004): Kreativität: Herausforderung für Schule, Wissenschaft und Gesellschaft (= Hochbegabte, Bd. 7). Münster.

V&R (Viktor & Rolf) (2005): S2005RTW Flowerbomb. http://www.viktor-rolf.com/fash
ion/looks/s2005rtw/ [20.08.2015].

Wallbaum, Christopher (2000): Produktionsdidaktik im Musikunterricht. Perspektiven
zur Gestaltung ästhetischer Erfahrungssituationen (= Perspektiven zur Musikpädagogik und Musikwissenschaft, Bd. 27). Kassel.

Wallbaum, Christopher (2009): Produktionsdidaktik im Musikunterricht. Perspektiven
zur Gestaltung ästhetischer Erfahrungssituationen (= Perspektiven zur Musikpädagogik und Musikwissenschaft, Bd. 27). 2. Aufl. Kassel.

Ward, Susan (2006): Viktor & Rolf. In: Parmal, Pamela A./Grumbach, Didier/Ward, Susan/
Whitley, Lauren D. (Hrsg.), Fashion show, Paris style. Hamburg, S. 187–196.

Weber, Gertrud/Weber, Rudolf (1992): Musik erfinden – Komponieren – Improvisieren.
In: Musik und Unterricht 3 (13), S. 4–9.

Weber, Rudolf (2005): Erfinden von Musik. In: Helms, Siegmund/Schneider, Reinhard/
Weber, Rudolf (Hrsg.), Lexikon der Musikpädagogik. Kassel, S. 57–58.

Wissenschaftlicher Rat der Dudenredaktion (Hrsg.) (1999): Duden, das große Wörterbuch der deutschen Sprache. Bd. 4. 3. Aufl. Mannheim [u.a.].

Zenk, Christina (2014): Die Musik der Laufstege. Merkmale der Modenschaumusik
(= Theorie und Praxis der Musikvermittlung, Bd. 13). Münster.

Gustav Bergmann

Mit-Welt-Gestalten: Versuch über die relationale Entwicklung

Angesichts der horrenden Krisen und Probleme in der Welt ergibt sich schon von selbst der Wunsch und Wille zu gestalten und zu verändern. Es fragt sich allerdings, ob der Mensch überhaupt gestaltend eingreifen kann und ob er oder sie bei jedem Gestaltungsversuch scheitert. »Ever tried. Ever failed. No matter. Try. Fail again. Fail better«, formulierte Samuel Beckett (1983, S. 1). Mit dem Titel dieses Bandes ist eine Beobachtung höherer Ordnung angedeutet. Wir schauen auf das Gestalten und können so das Scheitern eventuell etwas unwahrscheinlicher machen. Hier wird zudem ein Versuch unternommen, die mitweltgerechte Gestaltung zu beschreiben. Mit der Welt gestalten wäre ein Gestalten im Einklang mit anderen Menschen, den Dingen und der Natur. Die Gestaltung gegen die Welt hingegen führt zu Gewalt und Ungerechtigkeit und negativer Externalisierung (Schaden und Kosten anderen aufhalsen). Eine Ausbeutung und Plünderung der Natur führt immer auch zu einer Ausbeutung von Menschen. Beide Vorgänge verstärken sich gegenseitig. Wir Menschen sind aber Teil des Ganzen und unsere Gewalt richtet sich damit auch gegen uns selbst.

1.   Von der Rationalität zur Relationalität der Gestaltung

Die Gestaltung ist kein rationaler und individueller Prozess, sondern immer abhängig von anderen und den situativen Bedingungen. Die rationale Sichtweise kann als unterkomplex und trivial angesehen werden. Es ist eine Sicht auf den einzelnen Akteur, der unabhängig agiert und so allein versucht, den Verstand hervorzubringen und seine Gestalten in die Welt zu setzen. Oft ist diese Sichtweise auch mit einem Gestalten gegen etwas verbunden. Dieser Ansatz führt zur Illusion von Heroen, Experten und Vernunftwesen, die es so nicht gibt. Die Autonomie und Willensfreiheit des Menschen ist ja immer beeinflusst und begrenzt durch den sozialen und physischen Kontext. Jede Gestaltung ist relational, es ist ein Eingriff in ein für den Einzelnen unüberschaubares Netzwerk, das

zudem in permanentem Wandel begriffen ist. So zeitigt jede Gestaltung unin-
tendierte Folgen, kann sogar zur Zerstörung von Gutem führen.

Insofern eröffnen sich weitere Probleme und Fragen: Wer darf gestalten aus
welchem Grund? Wo bleibt die Verantwortung und Haftung für die Wirkungen
und die Eingriffe auch in das Leben anderer? Wenn wir gestalten, gestalten wir
Beziehungen neu und anders; Beziehungen zu uns selbst, zu anderen Menschen
(Soziofakte), zur Natur und zu den Dingen (Artefakte). Wir erzeugen Neues und
verändern die Welt schon durch reine Beobachtung, weil wir alles nur in Beziehung zu etwas anderem oder uns selbst wahrnehmen. Die Quantenphysik und
die systemisch-konstruktivistische Theorie kommen hier zu gleichen Ergebnissen. Es ist ein Miteinander-Sein, kein Nebeneinander (Nancy 2015). Alles ist
immer verschränkt und aufeinander bezogen (Barad 2015). In den komplexen
Netzwerken ist jede Form von Intervention eine Veränderung, nur sind die
Veränderungen nicht voraussehbar.

Sollen wir uns deshalb heraushalten? Sollen wir nur so tun, als wenn das, was
wir tun, Sinn machte? Wu wei – die taoistische Form des aktiven Nicht-Handelns
wäre solch eine Alternative. Wu wei ist eine Haltung des Mitfließens, ein Verhalten im Einklang mit der Welt. Schnell landet man mit der simplen Übertra-
gung dieser Ideen in der Ideologie des Libertären. Alle Eingriffe sind dort
Fehlversuche und enden zwangsläufig in Knechtschaft (v. Hayek 2011). Es ist
aber gerade so, dass wir fair ausgehandelte Regeln brauchen, um uns gegenseitig
vor unverantwortlichem Handeln zu bewahren, um uns gegenseitig zu kultivieren, zu zähmen und zu Verstand bringen. Die Ideologie der Freiheit und des
laissez faire sieht nur den möglichst großen Handlungsspielraum des Einzelnen,
übersieht aber die gravierenden Folgen für das Zusammenleben aller. Das
scheinbare Nicht-Handeln ist hier eine hochwirksame Intervention. Es werden
Sonderrechte für Investoren und Konzerne geschaffen, man spricht aber eu-
phemistisch von Freiheit und Freihandel, obwohl man Zwang und Ungleichheit
bewirkt. Das Nicht-Handeln, die Deregulierung ist hier als unterlassene Hilfe-
leistung für die meisten zu bezeichnen. Die Ideologie der »unbegrenzten Möglichkeiten«, als formale Gleichheit an Chancen, wirkt sich in Wirklichkeit als
große Ungleichheit aus. Es ist, wie Jean Luc Nancy sagt, eine »Apologie der
Eliten« (Nancy 2015, S. 87). Der Liberalismus verfügt über ein rudimentäres
Verständnis von Sozialität und dem Politischen. Wenn ein Liberaler vom Sozialen spricht, landet er zumeist in ökonomischen Kategorien oder moralisiert
(Mouffee 2014). »Man muss, wenn von Freiheit gesprochen wird, immer wohl
Acht geben, ob es nicht eigentlich Privatinteressen sind, von denen gesprochen
wird«, wusste schon Hegel (Hegel 1930, S. 902). Das kapitalistische System erscheint so extrem ungeeignet, um wirklich kreatives, erfinderisches und ko-
operatives Mitgestalten zu fördern. Es wird hingegen behindert, weil alle zum

gegeneinander animiert werden und Unsicherheit und Angst erzeugt wird. Es dient einigen wenigen Akteuren nach dem Motto: »The winner takes it all«.

Es existieren überzeugende Hinweise, dass wir Menschen sehr kontextbezogen handeln. Wir schauen sozusagen auf die Entourage, unsere soziale Umgebung. Mode, Imitation und andere epidemische Phänomene sind Hinweise darauf. Von sich aus agieren Menschen in fast allen Fällen kooperativ und empathisch. Erst spezifische negative Kontexte erzeugen in uns Blödsinn, Gewalt, Bestialität, Verantwortungslosigkeit und mangelnden Respekt im Sinne von Rücksicht. Wir handeln also bezogen auf die wahrgenommene Mitwelt. Wir treffen sachliche und normative Unterscheidungen und beeinflussen dadurch die Welt. Durch die unterschiedlichen Wahrnehmungen und Sichtweisen koexistieren verschiedene Wirklichkeitszugänge, die entweder harmonieren oder sich widersprechen. Ein weiteres Element ist das so genannte Unbewusste, wo unsere bisherigen Beziehungserfahrungen gespeichert sind. Es dient dem Überleben, kann uns aber auch an Entwicklung hindern. Die Chance besteht also darin, zum einen soziale und physische Kontexte zu schaffen, die zum gedeihlichen Miteinander führen. Zum anderen besteht die Chance, uns selbst die Zugänge zum Unbewussten zu öffnen, unsere Hemmnisse, Kränkungen und Neurosen zu heilen und unsere Leidenschaften und Bedürfnisse zu erkennen. In der künstlerischen Betätigung zeigt sich diese leidenschaftliche Orientierung deutlich. Künstler gestalten zwecklos, ohne ökonomische Absicht, sondern aus innerem Antrieb. Viele so genannte Kreative haben nur den ökonomischen Gewinn im Blick, gründen Unternehmen mit baldiger Veräußerungsabsicht oder sie träumen sich ihre prekären Jobs als »hip« zurecht. Auch gute handwerkliche Fähigkeiten reichen nicht aus, um es Kunst zu nennen. Es fehlt zur Kunst die Inspiration, die neue Sichtweise, die Irritation. Heute können alle Varianten von der Mona Lisa im Internet bestellt werden. Künstlerische Gestaltung ist an dem inneren Antrieb zu erkennen, sie wird auch ohne ökonomische Belohnung praktiziert. Musik wird zur Kunst, wo es um freie Improvisation und den individuellen Ausdruck geht, wo sie dann auch praktiziert wird, wenn sie wie bei Jazzmusikern oder Tänzern wenig einbringt. Kunst fasziniert, irritiert und provoziert gerade durch ihre Unabhängigkeit.

2. Verwirklichungschancen

Nach Sen (1985/2005) und Nussbaum (1999) bestehen Entwicklungen in der Erweiterung von Freiheiten. Diese Freiheiten sind bedroht, wenn einige Wenige die Freiheit der meisten einschränken. Das geschieht durch legalisierte Plünderung und Ungleichheiten. Eine gerechte Gesellschaft ist die Grundbedingung für Freiheit des Einzelnen. Erst, wenn die Menschen ein gehaltvolles Leben kreieren können, wobei sie ihre individuellen Möglichkeiten und Fähigkeiten entwickeln, entsteht wirkliche Freiheit.

Eine solche Gesellschaft wäre eine, die durch offene Zugänge, umfassende Mitwirkung, relative Gleichheit, Vielfalt und Regeln und Maße gekennzeichnet ist, die gemeinsam abgestimmt werden. Wo intensiv und kontrovers gerungen wird um die besten Lösungen. Wo alle an diesen Diskursen teilnehmen können und Zugang zu Bildung und Wissen haben. Das gute Leben hat sicher einige Merkmale, die universelle Geltung haben: Es besteht darin, Liebe und Freundschaft erleben zu können, spielen und experimentieren zu dürfen, Sicherheit zu genießen, gesund lange leben zu können. Wahrer Wohlstand hat wenig mit materiellem Wohlstand zu tun (Schor 2011, S. 99ff.; Skidelsky/Skidelsky 2012, S. 145ff.). Wir haben dennoch eine Gesellschaftsordnung etabliert oder zugelassen, die grenzenlose Bereicherung ermöglicht und den gierigen Egoisten Preise verleiht. Wir brauchen aber Grenzen der Maßlosigkeit, Steuern, Regeln und Maße, um wirklichen Wohlstand zu gestalten.

3.   Selbstgestaltung mit anderen

In einer Welt, die sich sozial konstruiert, die auf relationalen Beziehungen beruht, kann kein Mensch für sich existieren. Er braucht den anderen, um sich zu bestätigen. Ohne Du kein Ich. Alles Sein ist Mitsein. Wir sind immer dazwischen, in between, être avec. »Das Sein ist Singular und Plural zugleich. [...] Es ist auf singuläre Weise plural und auf plurale Weise singulär« (Nancy 2004, S. 57). »Man kann nicht mal beginnen, für sich selbst ein anderer zu sein«, beschreibt es Nancy weiter (ebd. S. 107). Wir können uns nur verändern, wenn uns andere anders sein lassen. Es wird häufig von Selbstgestaltung, Identitätsentwicklung und Persönlichkeitsentfaltung gesprochen. Das Selbst kann sich nur in der Relation positionieren, sich finden in der Bestätigung durch andere. Es ist ein »[...] bei sich selbst sein im anderen« (Hegel 1807, S. 145). Entwicklung ist dann gekoppelt an die Anerkennung des Andersseins durch andere. In einer funktionalen Beziehung gibt es hingegen keine Entwicklung, da sie Unsicherheit bedeutet und die klare Über- und Unter- Ordnung in Gefahr bringt. Identität ist dort die Übereinstimmung, die Uniform. Identität in relationalen Beziehungen bedeutet die Einheit in der Vielfalt und damit auch eine Chance auf Erweiterung, auf Entwicklung im Sinne des Zuwachses an Möglichkeiten. Die mögliche Differenz zum anderen in jeglicher individuellen Ausprägung schafft die Würde im Sinne Immanuel Kants (Kant 1907, S. 432ff.). In der Vielfalt singulär sein zu dürfen, schafft die Freiheit. Sich nur selbst zu sehen, sein Selbst zu überhöhen, trennt uns von anderen und begrenzt die Möglichkeiten. Die Autonomie des Menschen eröffnet sich paradoxerweise in der Mitgestaltung. Das Selfie als neue

Volkskrankheit zeugt von der Selbstbezogenheit (»ich vorm Eiffelturm, ich und der Promi«), die Selbstoptimierungsanstrengungen und transhumanistische Ideen zeigen die Überhöhung des eigenen und die Vorbereitung auf den Kampf gegen andere um soziale Vorrechte und Anerkennung. Die Theorie der *Six Degrees* hingegen weist auf die Chance, seinen Handlungsspielraum zu erweitern, indem man sich verbündet (Milgram 1967). Wir sind verbunden (*connected*) mit allen anderen und können bis zur Hälfte gehen, benötigen aber die anderen für die Verbindung und Verschränkung, die Mit-Gestaltung (Watts 2004; Christakis/Fowler 2010). Die Wirksamkeit erscheint so durch Kooperation viel größer.

Selbst-Bildung und die Entwicklung von Kompetenzen kann das Individuum nicht allein betreiben. Erstens gelingt das Lernen in Interaktion, im Diskurs, erheblich besser. Zudem bedarf die Kompetenz der Anerkennung durch andere. Wobei diese Wertschätzung wiederum Impulse zur weiteren Entwicklung gibt. Der Akteur gewinnt Kompetenz zudem über verbesserte Beziehungen zu sich selbst, zur Natur und zu den Dingen. Es sind dies alles relationale Bedingungen. Man kann gegen die Natur gestalten, ihr etwas abringen wollen oder sie gar ignorieren. Die Gestaltung leidet darunter jedoch und wird nicht von Dauer sein. So wandeln sich Gestalter sinnvollerweise zu Moderatoren und Coachs, statt selbstbezogene Artefakte in die Welt zu setzen, die den Nutzeransprüchen kaum genügen oder den natürlichen Erfordernissen nicht genügen.[1]

Es lassen sich zwei wesentliche Beziehungsarten unterscheiden, die Funktion und die Relation. Funktionale Beziehungen sind eineindeutig. Akteur A beschreibt Akteur B, gibt ihm Anweisungen. Es ist eine voraussagbare Beziehung mit klaren Strukturen, hierarchisch, anweisend, starr und eindimensional. In der Synergetik spricht man von Versklavung anderer. Ein oder wenige Akteure bestimmen die Wirklichkeit der meisten anderen. Sie schränken die Entscheidungs- und Entwicklungsmöglichkeiten der anderen ein. Diese funktionale Beziehung kann nur unter spezifischen Randbedingungen »funktionieren«. Es sind Situationen der Eindeutigkeit, Linearität, Stabilität und Überschaubarkeit. In paradoxen, komplexen und dynamischen Situationen erwiesen sich diese Systeme als zu wenig entwicklungsfähig und umgestaltbar. Häufig wird in solchen Systemen mit Angst und Unsicherheit sowie allumfassender Kontrolle gearbeitet. In der kapitalistischen wie in der sozialistischen Gesellschaft wird der eindimensionale Mensch allerdings mit unterschiedlichen Vorzeichen erzeugt; im Kapitalismus sind es die konsumierenden Massen, im sozialistischen System

---

1 Eines der jüngeren Beispiele für egozentrische Architektur ist das so genannte *Walkie Talkie* Hochhaus in London. Es wirkt wie ein Brennglas und erhitzt die umliegenden Häuser, es sieht für die meisten unproportioniert aus und erzeugt erhebliche Fallwinde. (www.bbc.com/news/uk-england-london-23930675 [01.08.2015])

sind es die verzichtenden Massen. Wenn es in einem System um das ewige materielle Wachstum geht, dominiert im anderen die mangelnde Entwicklung. In beiden Gesellschaftsformen bedient sich eine Elite an den Massen. Was wir bisher an Kommunismus erlebt haben, ähnelt eher einem Staatskapitalismus, wo das Miteinander eher in einem Nebeneinander bestand. In beiden Gesellschaftsformen geht es um die Mehrung des Kapitals einer herrschenden Schicht und eine Einschränkung der Mitgestaltung durch die Masse. Die Relation ist hingegen uneindeutig, mehrdeutig, wandelbar, flüssig. Es können sich jederzeit neue Merkmale und Eigenschaften entwickeln, insbesondere, wenn mehrere Akteure in offenen Beziehungen interagieren. Diese Beziehungsform ist heterarchisch, nicht-trivial, kontingent, also unvorhersehbar in dem Maße, wie sie offen ist.

4.   Mitwelt gestalten: Sinn entsteht nur gemeinsam

Gestalten in der sozialen Welt ist immer ein Mitgestalten, wenn man von Relationalität ausgeht. Schon der Künstler Marcel Duchamp beschreibt den kreativen Akt als eine Interaktion von unabhängigen Polen, zwischen Künstler/Gestalter und Publikum/Nachwelt/Beobachter (Duchamp 1992, S. 9f.). Diese Pole sind gleich berechtigt an der Werkkonstruktion beteiligt. Beide Seiten sind in unterschiedlicher Form in die Gestaltung/Konstruktion involviert. Gestalter wollen durch das Werk ihr Ziel erreichen. Die Rezeption hingegen entwickelt eine Wahrnehmung, eine Sichtweise, eine Kritik oder eine Wertschätzung. Readymades, also vorgefundene Alltagsgegenstände, die zuerst von Marcel Duchamp und anderen Dadaisten zur Kunst erhoben wurden, können als passende Beispiele für den relationalen Kreationsprozess dienen. Es sind Kunstobjekte gerade nicht, weil ein Gestalter maßgebliche Veränderungen am Objekt vornahm, sondern, weil sie in einen zweckfreien, anderen und oft provokativen Kontext gesetzt wurden. Erst im Austausch mit dem Betrachter kann aus ihnen ein Kunstwerk werden. Es ist nicht alles Kunst, was irgendwie präsentiert wird, und es nicht jeder Mensch ein Künstler. Dennoch hat wohl jeder Mensch das Potenzial. Jeder Mensch wird als Künstler geboren, doch später sind bei vielen der Geist und die Hände gebunden. Auch in Innovationsprozessen haben wir diese Konstellation. Viele Akteure könnten erfinden und kreieren, lassen es aber bei sich nicht mehr zu. Eine Idee wird zur Innovation erst durch die Wahrnehmung des Nutzers, die Anerkennung der Novität und die folgende Adaption. Der gesamte Prozess der Gestaltung ist dabei hoch kontingent. Es ist ungewiss, wie ein Werk gestaltet werden kann, wie es ankommt, rezipiert wird, in welchem sozialen und physischen Kontext es erscheint. Am Kunstmarkt, in der Forschung wie auch in der ökonomischen Praxis sind diese offenen, oft überraschende

Ergebnisse erzeugenden Verläufe zu beobachten. Relationale Netzwerke erzeugen die Bedingungen, unter denen kreative Akte, Entwicklungen und Innovationen überhaupt möglich sind. In funktionalen Prozessen sind Erfindungsreichtum und Kreativität hingegen nicht erwünscht und auch nicht wahrscheinlich. Häufig wird hier Angst und Unsicherheit verbreitet, es wird kontrolliert, dass eben nichts passiert, nichts divergiert. Sprachlich wird die Pseudogestaltung deutlich in Form von »Maßnahmen«, die ergriffen werden oder es werden Innovationen ohne wirklichen Neuigkeitsgrad vorgestellt, wie es in weiten Teilen der Markenindustrie üblich ist. Es gibt egozentrische Architekten, die am liebsten ungestört von Einsprüchen und Nutzerwünschen (in den Demokratien) ihre Unikate in die Welt (in Diktaturen) setzen. Es sind Designer und Ingenieure, die Produkte mit dem Rücken zur Welt gestalten. Es sind arrogante Gestalter, keine Mitgestalter.

5.   Der systemische Gestaltungsprozess

Interaktive Wertschöpfung und *Open Innovation*, die *Maker Culture* sind Beiträge zur Wiedergewinnung der Handlungsfähigkeit für alle Beteiligten und des intensiven Austausches. In diesen Gestaltungsprozessen werden verschiedene Akteure mit ihren Interessen und Sichtweisen, ihrem Können und ihren Ideen einbezogen und somit mit der Welt und nicht gegen die Welt gestaltet. Der *Solution Cycle* ist eine Prozessgestaltung in acht Phasen, die das Vorgesagte berücksichtigt, also die Relationalität, die Beobachtung höherer Ordnung, die Problematik der Kontingenz und der Intervention sowie die multiplen Realitäten integriert (Bergmann 2014). Es ist auch in der systemischen Theorie und Praxis bekannt, dass nicht wahllos und beliebig und nach Maßgabe einzelner Akteure eingegriffen werden darf. Es ist dennoch wichtig, durch Lenkung über vereinbarte Regeln und Moderation die Prozesse zu handhaben. Der Verlauf lässt sich in die Modi Diagnose, Therapie und Reflexion mit insgesamt acht Phasen einteilen.

5.1   Diagnose des Systems

Eine systemische Diagnose untersucht die Relationen, die Interaktionen und Kommunikationen. Es wird insbesondere beobachtet, dicht beschrieben und durch systemische Fragen Provokationen oder Verstörungen initiiert, um das System durch die ausgelösten Reaktionen besser beobachten zu können. Vor dem Gestalten kommt das Verstehen und multiperspektivische Erkennen (Phase eins). In den Wirtschaftswissenschaften klassischer Bauart erscheint das nicht selbstverständlich, in der Praxis des Wirtschaftens schon gar nicht. Dennoch ist es notwendig und sinnvoll, vor dem Versuch der Gestaltung eine lange Phase des Erkundens und Beobachtens zu durchlaufen. Die eine Welt wird durch individuelle Unterscheidungen begriffen. Es sind immer Sichtweisen in der Welt, die sich eben dadurch unterscheiden, dass diese Unterscheidungen unterschiedlich getroffen werden. Insofern gelingt es, die Systemlogik zu verstehen, indem man die Unterscheidungen oder auch die Entscheidungen der Akteure untersucht. Also schaut, wie von wem welche Entscheidungen getroffen und vollzogen werden. Dabei sind nahe liegend die unentscheidbaren Fragen diejenigen, die relevant entschieden werden können (v. Foerster 1993, S. 73). Es geht also hauptsächlich darum, diese besonders bedeutsamen Entscheidungswege zu beobachten und zu dechiffrieren.

5.2   Gestalten gestalten

Erst wenn klar ist, welche gemeinsamen »Probleme« angegangen werden sollen, welches Ziel und welche Vision angepeilt werden (Phase zwei), ist es möglich, speziell für den Fall Lösungsideen zu kreieren. Diese Kreation (Phase drei) gelingt umso mehr, je mehr Wege begangen, je mehr von angestammten Denkweisen Abstand genommen wird. Die wesentlichen Stichworte dazu sind Abduktion, Irritation und Serendipität. Durch Abwege und Abstand gelangt man eher zu wirklich neuen Ideen. Künstlerisches Schaffen bedient sich der Abduktion, also der Wegführung, Abschweifung, um auf Umwegen erweiterte Erkenntnisse zu gewinnen (die Prinzen von Serendipität kamen nur auf Umwegen zum Ziel und machten bei ihrer Reise viele überraschende Entdeckungen) und auch einen Zugang zum Unbewussten, zur Intuition zu öffnen. Gerade in einigen Formen der modernen Kunst, bei emergenter, abstrakter Malerei oder musikalischer Improvisation entsteht auch Ungeplantes und wirklich Neues. Die Wahrnehmung wird entgrenzt, die Möglichkeiten erweitern sich.

Die Bewertung (Phase vier) der dann reichhaltig erzeugten Ideen und Ansätze geschieht ebenfalls interaktiv und macht den Erfolg wahrscheinlicher. Es ist eine mitwirkende, plurale Bewertung nach diversen Kriterien von vielen unterschiedlichen Akteuren.

Die Intervention, das praktische Verändern (Phase fünf) geschieht, passiert auch durch Nicht- Handeln oder reines Beobachten. Die Intervention in die Beziehungsstrukturen ist unübersehbar, in ihren Wirkungen kontingent. So beklagen sich einige Eltern darüber, dass ihre Erziehung bei den Kindern nicht die erwünschten Resultate erzeuge. Dennoch ist Erziehung als Intervention hoch wirksam, nur eben in den Folgen nicht voraussehbar. Gute Erziehung besteht in guter Beziehung. Es erscheint deshalb besonders bedeutsam, die Aktionen, die

Gestaltungen plural und interaktiv zu entwickeln. Der einzelne Akteur darf gar nicht in die Lage kommen, unübersehbare Folgen auszulösen, die er nicht verantworten kann. Für sinnvoll erachten die meisten Menschen auch Regelungen wie zum Beispiel die Geschwindigkeitsbeschränkungen im Straßenverkehr oder Regeln in Finanzmärkten. Menschen müssen geschützt werden vor ihrem individuellen Unverstand. Und es muss klar werden, dass alleine nicht sinnvoll gestaltet werden kann.

Flow (Phase sechs) entsteht, wenn wir in Harmonie mit unseren entfalteten Fähigkeiten und den Herausforderungen agieren, wenn wir im Einklang mit unserem Unbewussten handeln und entscheiden. Jegliche Gestaltung ermöglicht also den individuellen Flow, den Einklang mit sich und der Mitwelt. Freiheit ist hier die Möglichkeit, auch gegen etwas entscheiden zu können, was man nicht möchte. Freiheit heißt zudem, in der Lage zu sein, sich für seine Entwicklung mit anderen entscheiden zu können. In allen Beziehungsbereichen kann man Verbesserungen einleiten. Wenn der Mensch eine bessere Beziehung zur Natur entwickelt, dann hat das auch positive Auswirkungen auf die Beziehung zu anderen Menschen. Wenn man sich die Dinge wieder aneignet, sie mitgestalten und pflegen kann, dann liefert das auch einen Beitrag für die Beziehung zur Natur in Form von Ressourcenschonung. Auch die Neurobiologen sagen, dass es möglich ist, die präfrontalen Bereiche unseres Gehirns zu trainieren und eine stärkere Impulskontrolle zu entwickeln. Wir können an uns selbst arbeiten, uns kultivieren und mäßigen. Insbesondere, wenn wir Response erfahren auf unser Verhalten, dann ist eine wechselseitige Regelung möglich. Wichtig erscheint aber auch, einen sozialen und gesellschaftlichen Kontext zu schaffen, der die Kultivierung erleichtert, also jeweils für die Antwort der Mitwelt sorgt. Alle Verbesserungen der Kommunikation zwischen Menschen haben positive Auswirkungen auf alle Beziehungsebenen mit der Mitwelt. Durch systemische Gestaltungen lassen sich Kontexte modellieren, die gute Beziehungen wahrscheinlicher werden lassen. Dabei kann man vor allem mit der Sprache modellieren. Sprache erzeugt Schwingungen und formt die Mitwelt. Es ist deshalb besonders wichtig, behutsam und empathisch zu kommunizieren. Andere resonante Strukturen bilden die Organisationselemente (besonders die Größe von Systemen), die Bewertungs- und Kontrollprozesse sowie die Zeitgestaltung, die Architektur und die umgebenden Dinge.

5.3   Reflexion: Lernen über Gestalten lernen

Eine Welt so zu gestalten, dass sie lebenswert wird, nicht nur für einen selbst, das bedeutet Gestalten im Einklang der Mitwelt. Es geht hier um ein Lernen höherer Ordnung, das zur Stärkung der Problemlösefähigkeit des Systems beiträgt

(Phase sieben), bevor die Prozessgestaltung rückblickend und würdigend beendet wird (Phase acht). Wir erzeugen Sinn nur gemeinsam (Nancy 2015, S.64). Die Wege und Lösungen zu Eutopien als positive Vorstellungen vom Zusammenleben folgen keinem *grand design* und keinem *volonté générale*. Denn wer sollte sie entwerfen? Der Weltgeist stellt sich wohl eher im Dialog her. Die Demokratie, wie wir sie heute kennen, schafft kaum Sinn. Die Demokratie ist keine wirkliche Mitgestaltung, kein Modus zur kollektiven Sinnerzeugung. Sie steht eher unter Druck, ganz abhanden zu kommen. Wir wissen heute nur so viel: So wie bisher kann es nicht weiter gehen. Die Zivilisation benötigt ein neues *Operating System*. Der frei flottierende Kapitalismus sieht nur die Freiheit für Investoren und Konzerne vor.

Wir sollen ja gerade nicht in der Lage sein mitzugestalten. Wir werden verängstigt und prekär beschäftigt, um keinen Handlungsspielraum zu haben. Zudem verlieren Menschen im Geschäftemachen und der allgegenwärtige Konkurrenz den Bezug zur Welt. »Die Reichen leiden wie die Armen, auch wenn die Armen sich ihres Unglückes normalerweise eher bewußt sind« (Dworkin 2012, S. 711).

Wir sollten quer zum System leben, erfinden und lieben, Mitgefühl und Achtsamkeit entwickeln. So lässt sich die Angst und Unsicherheit überwinden und das gute Leben gemeinsam gestalten. Es kann mir gut ergehen, weil ich von Krankheiten verschont bleibe, in einer freundlichen Mitwelt leben darf, materiell und seelisch unterstützt werde und Bildung erfahre. Zahlreiche förderliche oder einschränkende Parameter meines Lebens sind nicht von mir selbst bewirkt. Extrem Vieles hängt davon ab, in welche sozialen und ökologischen Mitwelten ich geboren werde. Wenn sich mir gute Chancen darbieten, habe ich die Verpflichtung, nach meinen Möglichkeiten etwas daraus zu machen, meine Talente zu entwickeln, meine Fähigkeiten zu erweitern und gute Beziehungen zu entwickeln, zu mir, zur Natur und den Mitmenschen. Ein Leben erhält erst seinen Wert, wenn es für die Mitwelt gelebt wird. Der vermeintliche Wohlstand kann die Defizite nicht ausgleichen. Ein selbstsüchtiger Mensch wird die Folgen seines Handelns vielleicht verdrängen können. Damit sind sie aber nur ins Unbewusste verlagert und schränken unser Wohlbefinden ein. Gerade Menschen, denen es durch die Geburt an einem friedlichen, wohlständigen Ort mit besten Bedingungen gut ergehen kann, haben die Verpflichtung zur Großzügigkeit und Gabe. Egozentrik, Gier nach Geld und Macht führen zur Isolierung von der Mitwelt und verhindern ein geglücktes Leben. Im gegenwärtigen und vorherrschenden Wirtschafts- und Gesellschaftssystem werden die Akteure, Institutionen und Staaten besonders gut beurteilt, die am meisten ökonomischen Gewinn für sich selbst schaffen und dabei Werte massiv zerstören, plündern und rauben. Die »Performer« zerstören Beziehungen zu anderen Menschen, zur Natur zu den Dingen und letztlich zu sich selbst, weil sie sich zur

Ausnutzung aller Vorteile animiert sehen. Auf Dauer zerstört diese »Werttheorie und -praxis« alle Werte. Wir müssen dahin kommen, gemeinsam Werte für alle zu bilden und die Bewertungskriterien und die Bewertung selbst gemeinsam zu entwickeln.[2] Man kann mit den Räubern und Plünderern nur Mitgefühl empfinden. Diese »Geldigen« rennen im Hamsterrad, das durch ihre eigene Gier angetrieben wird. Sie sind abhängig vom Geldmachen und immer mehr Geld machen. Sie leben kein gelungenes Leben, sondern kreisen in ihrer öden Welt.

6.   Resilienz – Uns auf alles vorbereiten

In einer kontingenten, vernetzten Welt müssen wir mit Paradoxien und Überraschungen leben. Rein auf Effizienz und Rendite orientierte Systeme sind zu eindimensional und begrenzen die Möglichkeiten durch Zwang und Beschleunigung. Resiliente Systeme und Akteure haben Reserven, bauen ein Reservoir an Möglichkeiten auf, kreieren in Muße, stärken den Zusammenhalt und Austausch. Das wichtigste Ziel resilienter Systeme und Akteure sollte es sein, ein möglichst stressfreies Leben zu ermöglichen. Systeme, in denen Menschen extreme Existenzängste haben, unter Druck stehen, in Bann gehalten werden, können in der zukünftigen Welt kaum bestehen. Es ist nicht einfach, in den Kontexten entfesselter Ökonomie gewaltfreie Kommunikation, Kreativität und Konfliktlösung zu betreiben. Wir brauchen Sphären der Kooperation, der Toleranz, der Inspiration, der Lebenslust und Verständigung mit solider Absicherung aller Menschen. Die beste Basis wäre eine angstfreie Gesellschaft, wo Menschen sich unterstützen, wo die Existenz bedingungslos gesichert ist. Wo Menschen erproben, entdecken, und experimentieren dürfen, wo sie ihre Handlungs- und Entscheidungsfreiheit wieder erlangen können.[3] Freiheit gibt es nur in Verbindung mit Gleichheit.

---

2 Die vorherrschende Ökonomie ist zur Rechtfertigungslehre der weltweiten Wertezerstörung degeneriert. Die Managementlehre tendiert zur reinen Reichtums- und Plünderungskunde. Die USA leben zum Beispiel in extremem Maße auf Kosten anderer Länder, selbst Deutschland verdient an den Kredit finanzierten Importen mediterraner Länder.

3 Zahlreiche Ideen zu einer solidarischen und ökologischen Gesellschaft und Wirtschaft habe ich in zwei Büchern mit meinem Freund und Kollegen Jürgen Daub zusammengetragen (vgl. Bergmann/Daub 2012 und 2015). In unserem Projekt Scoutopia (www.scoutopia.org) versuchen wir, Anstöße zur Mitweltgestaltung zu geben. Allen Mitwirkenden am Projekt sowie am Lehrstuhl (*www.inno.uni-siegen.de*) bin ich zu großem Dank verpflichtet. Besonderer Dank gilt meinem Sohn Robert, der mich täglich in Debatten verwickelt. Feriha Özdemir sei herzlicher Dank für die kritische Korrektur und Ergänzung.

Literatur

Barad, Karen (2015): Verschränkungen. Berlin.

Beckett, Samuel (1983): Worstward Ho. Dublin.

Bergmann, Gustav (2014): Kunst des Gelingens 3. Aufl. Sternenfels.

Bergmann, Gustav/Daub, Jürgen (2012): Das menschliche Maß – Entwurf einer Mitwelt-ökonomie. München.

Bergmann, Gustav/Daub, Jürgen (2015): Die Wunderbare Welt? Münster.

Christakis, Nicholas A./Fowler, James H. (2010): Connected. Frankfurt.

Duchamp, Marcel (1992): Der kreative Akt. Hamburg.

Dworkin, Richard (2012): Gerechtigkeit für Igel. Berlin.

Foerster, Heinz v. (1993): Kybernetik. Berlin.

Hegel, Georg Wilhelm Friedrich (1807): System der Wissenschaft. Erster Teil: Die Phänomenologie des Geistes. Bamberg u. a. (Volltext unter www.zeno.org).

Hegel, Georg Wilhelm Friedrich (1930): Vorlesung über der Philosophie der Weltgeschichte. Werke Bd. 12. Leipzig.

Hayek, Friedrich A. v. (2011): Der Weg zur Knechtschaft. München.

Kant, Immanuel (1907): Die Metaphysik der Sitten. Metaphysische Anfangsgründe der Tugendlehre. 1798, Kants gesammelte Schriften, hrsg. v. der Königlich Preußischen Akademie der Wissenschaften. Band VI. Berlin.

Milgram, Stanley (1967): The Small World Problem. In: Psychology Today 1 (1), S. 61–67.

Mouffee, Chantal (2014): Agonistik. Berlin.

Nancy, Jean-Luc (2004): Singulär plural sein. Zürich.

Nancy, Jean-Luc (2015): Demokratie und Gemeinschaft. Im Gespräch mit Peter Engelmann. Wien.

Nussbaum, Martha (1999): Gerechtigkeit oder das gute Leben. Frankfurt.

Schor, Juliet (2011): True Wealth. How and why millions of Americans are creating a time-rich, ecologically light, small-scale, high-satisfaction economy. London.

Sen, Amartya (1985): Commodities and Capabilities. Amsterdam.

Sen, Amartya (2005): Human Rights and Capabilities. In: Journal of Human Development 6 (2), S. 151–166.

Skidelsky, Robert/Skidelsky, Edward (2012): How much is enough? New York.

Watts, Duncan (2004): Six Degrees. The Science of a Connected Age. New York.

Tobias M. Scholz & Matthis S. Reichstein

Wenn neue Paradigmen in die Gestaltung von Arbeitswelten eingreifen: Hacker-Ethos in der Digitalisierung

1.   Schöne neue Arbeitswelt

Veränderungen in der Arbeitswelt gab es schon immer. Viele dieser Veränderungen haben zu einem kontinuierlichen Wandel der Arbeitswelt geführt. Einige wenige technologische Neuerungen haben sie dabei von Grund auf transformiert. Exemplarisch zu nennen sind hier die Einführung der Baumwollspinnereien oder die erste Fließbandfertigung (Schmenner 2015) also sogenannte Basis-Innovationen in den Kondratiew-Zyklen (Stein 2009). Diese Technologien oder Prozesse haben die Art des Arbeitens grundlegend verändert (Orlikowski 1992). Arbeiter mussten sich mit dem neu entstandenen Umfeld arrangieren und entsprechend anpassen.

Ähnliches gilt für die Digitalisierung, die als der 5. Kondratiew-Zyklus gilt. Wie bereits durch andere Technologien zuvor entstanden einerseits neue Jobs, andererseits verschwanden und verschwinden jedoch in der Folge obsolete Tätigkeiten (Frey/Osborne 2013). Neben diesem Entstehen und Verschwinden bestimmter Berufsbilder verändert sich auch die Arbeitsweise in bestehenden Jobs. Es werden neue Fähigkeiten benötigt, was im Besonderen auf die Arbeit mit Computern zutrifft.

Eine wesentliche Fähigkeit in der Digitalisierung ist das Programmieren. Es zeigt sich, dass viele Aspekte der Digitalisierung auf der Logik des Programmierens, auch *computational thinking* genannt (Shein 2014), basieren. Deshalb ist ein Grundverständnis dieser Logik für viele Tätigkeiten schon heute notwendig. Zwar muss man nicht programmieren können, aber zu wissen, wieso digitale Systeme in einer bestimmten Art und Weise funktionieren, ist essenziell. So erfordert selbst die Nutzung von SAP einfache Grundkenntnisse dieser Logik. Die Verwaltung von Content Management Systemen, die bei der Pflege von Social Media-Anwendungen genutzt werden, ist ohne solche Kenntnisse gar nicht mehr möglich. Programmieren, beziehungsweise das computational thinking, wird zu einer Grundfähigkeit, die jeder Mitarbeiter in irgendeiner Form können muss (Dasgupta/Resnick 2014), weil, ähnlich wie in einer Sprache, nicht allein die Fertigkeit des Programmierens erlernt wird (Conti 2006). Nicht nur IT-Unternehmen brauchen Programmierer: Selbst Unternehmen der Energiebranche oder an der Börse sind auf die entsprechenden Kompetenzen angewiesen.

Zugleich erhält der Programmierer einen Einblick in die zur Informatik gehörige Kultur. Die Kultur des Programmierens ist im Speziellen im Bereich der Hacker-Kultur (Thomas 2004) verwurzelt (Stöcker 2011). Hervorzuheben ist in diesem Zusammenhang, dass das Wort *Hacker* zunächst nicht negativ konnotiert, sondern per se erst einmal neutral anzusehen ist (Zuckerberg in Levy 2012). Die Historie zeigt, dass Programmierung nicht losgelöst von der Hacker-Kultur ist (Levy 2001). Diese elementare Verbindung wird auch in Zukunft fortbestehen. Nicht von ungefähr integrieren Unternehmen wie Facebook den *Hacker Way* in ihre Unternehmensvision (Keyani 2015). Wenn jedoch Programmieren und Hacken nicht voneinander zu trennen sind, dann wird ein Anstieg der Programmierer auch einen Anstieg der Hacker-Kultur in Unternehmen bedeuten. Gerade Unternehmen aus dem Silicon Valley sind bereits heute durchdrungen mit Hacker-Kultur. Es ergibt sich eine langfristige Veränderung der Art und Weise, wie die Mitarbeiter in Unternehmen arbeiten. Dabei ist solch eine Veränderung eine *disruptive force*, also eine grundlegende und tiefgehende Veränderung der Unternehmenskultur, und es wird für jedes Unternehmen wichtig sein, diese (Neu-)Gestaltung in die richtige Richtung zu lenken.

Zugleich ist die Hacker-Kultur stark durch die zugrunde liegende Hacker-Ethik (Himanen, 2010) geprägt. Denn obwohl Hacking zunächst einmal wertneutral ist, gibt es viele Gefahren und schwarze Schafe (*black hat*). Es gilt also, die ebenso verbreitete ethisch korrekte Handlungsweise (*white hat*) zu forcieren (Caldwell 2011). Diese Handlungsanweisungen in der Hacker-Ethik werden oft jedoch nur als Schranken guten Hackens verstanden. Daher nehmen wir an, dass der normativ konnotierte Begriff des Hacker-Ethos eine korrektere Beschreibung der eigentlichen Kernidee einer nicht nur Schlechtes beschränkenden, sondern zudem Gutes gestaltenden Hacker-Ethik ist.

Ziel des Artikels ist es, die paradigmatische Veränderung der Arbeitswelten durch die Gruppe der Hacker zu analysieren. Hierbei wird der Fokus weniger auf die technische Gestaltung gelegt als vielmehr auf die ethische sowie soziale Gestaltung. In diesem Kontext beschreiben wir zunächst den Begriff des Hackers. Auf Basis der zugrundeliegenden Hacker-Ethik soll im Anschluss das Hacker-Ethos erarbeitet werden. Anschließend erfolgt eine Auseinandersetzung mit der (Neu-)Gestaltung der Arbeitswelt in Unternehmen sowie der Ausprägung des Typus Hacker im Unternehmen, welchen wir als *Built-In Schumpeter* bezeichnen. Es soll dabei aufgezeigt werden, dass sich die Arbeitswelt durch diesen externen Einfluss nicht zwangsläufig verändern wird. Es scheint jedoch zwingend notwendig, ein Umfeld zu schaffen, in dem sich das Hacker-Ethos (in positivem Sinne) frei entfalten kann. Ihm liegt nämlich gerade eine freie Gestaltung des eigenen Umfelds und der Arbeitsweise zugrunde. Es ist daher für ein Unternehmen wichtig, die Gestaltung des Gestaltens so zu schaffen, dass keine Barrieren oder Fesseln existieren, die eine freie Gestaltung des Hacker-Ethos hemmen.

2.   Hacker

2.1   Einordnung

Der Begriff des Hackers stammt aus dem Englischen. Übersetzt bedeutet er so viel wie Hackmesser oder Häcksler und kann sich ebenso auf die Person beziehen, die solche Gegenstände herstellt. Das Oxford English Dictionary definiert das Verb ›to hack‹ als »to cut with heavy blows in an irregular or random fashion«. Der Prozess einer Veränderung erfolgt also in einer alternativen beziehungsweise unorthodoxen Variante. Die Ursprünge des heutigen Hacker-Begriffs lassen sich auf das Ende des 19. Jahrhunderts im Kontext der aufkommenden Telekommunikationstechnologie zurückführen. In Zeiten der Telegraphen sowie der Anfänge der kabellosen Kommunikation kam es zu den ersten Hacks, die auf Sicherheitslücken dieser neuartigen Technologien hinwiesen (McMullan 2015). In den 1950er Jahren wurde das Hacking auch im Bereich der IT-Technologie angewendet. Hierbei wird oft der Tech Model Railroad Club am MIT als Geburtsstätte des heutigen Hackings erwähnt (Erickson 2008).

Der Begriff des Hackings fand zunächst vor allem im Kontext technikbasierter Streiche Verwendung. Er bezog sich hierbei im Speziellen auf besonders geschickte Taten. So erlangte beispielsweise John Thomas Draper (auch bekannt als Captain Crunch) Berühmtheit durch das Umgehen technischer Sperren beim Telefonieren (Pfaffenberger 1988). Die Bedeutung des Hackings verschob sich sukzessive hin zur Relevanz der für einen entsprechenden Streich notwendigen Technik, sodass Hacking schlaue technische Lösungen im Allgemeinen bezeichnet. In diesem Kontext ist vor allem der Homebrew Computer Club zu nennen (Levy 2001). Hier hatten viele Größen des Silicon Valleys, wie zum Beispiel Steve Wozniak, ihre ersten Kontakte mit der Hacker-Kultur und bastelten an den ersten Personal Computers. Inzwischen kann Hacking allgemein als besonderer Einfallsreichtum verstanden werden, welcher im generalisierten Sinne nicht zwangsläufig mit Computern oder technischen Lösungen assoziiert sein muss (Baichtal 2011).

Aus dem Fokus auf die Technik lässt sich auch der Einfluss des Hackens auf das Programmieren erklären (Stallman o. J.). Hacking kann somit als Subkultur

des Programmierens eingeordnet werden. Der Hacker lässt sich nach Jordan (2009) in drei Kategorien systematisieren:
- Zunächst gibt es den Hacker, der in Computersysteme einbricht und Sicherheitslücken ausnutzt. Hier ist es jedoch die bereits angesprochene Differenzierung zwischen *white hats* und *black hats* von Relevanz:

> »Draw a line between ›white hats‹ trying to improve the state of computer security and ›black hats‹ trying to upend it. Both groups are interested in the same sort of knowledge. The moral distinction comes from how they apply it.« (Cross 2006, S. 38)

- Weiterhin sind Hacker auch die Personen, die sich intensiv mit der Rolle des Programmierens auseinandersetzen. Ihre Zielsetzung ist die konstruktive Verbesserung und Erweiterung von Systemen.
- Eine dritte Gruppe versteht unter Hacking die Essenz der Kreativität des 21. Jahrhunderts. Hierbei sind etwa Konzepte wie Lifehacks zu nennen. Sie verändern alltägliche Gegenstände für andere alltägliche Zwecke, passen diese an und verwenden sie. Es werden also Gegenstände gehackt. Dabei folgt auch diese Gruppe der Logik des Programmierens und des Testens über Grenzen hinweg, hat jedoch wenig mit dem eigentlichen Programmieren zu tun. Sie ist jedoch ein gutes Beispiel, um aufzuzeigen, dass die Hacker-Kultur in Bereiche vordringt, die wenig bis nichts mit dem klassischen Hacken von Computern zu tun haben.

Generell lassen sich Hacker mit folgenden Charaktereigenschaften beschreiben:

> »Hackers believe that essential lessons can be learned about the systems – about the world – from taking things apart, seeing how they work, and using this knowledge to create new and even more interesting things. They resent any person, physical barrier, or law that tries to keep them from doing this.« (Levy 2010, S. 24)

Aus dieser Beschreibung zieht Jordan (2009) die Verbindung zwischen Hacken und Kreativität. Dabei generiert die Hacker-Kultur ein Umfeld der Förderung von Kreativität und genereller Offenheit für Neues (Himanen 2010). Zuckerberg beschreibt dies in seinem *Hacker Way* als »move fast and break things« (in Levy 2012). Wark konkretisiert diesen Antrieb wie folgt:

> »Hackers create the possibility of new things entering the world. Not always great thing, or even things, but new things. In art, in science, in philosophy and culture, in any production of knowledge where data can be gathered, where information can be extracted from it, and where in that information new possibilities for the world produced, there are hackers hacking the new out of the old.« (Wark 2004, S. 3–4)

Es wird dabei augenscheinlich, dass ein wesentlicher Fokus in der kontinuierlichen Verbesserung und dem Erschaffen des Neuen liegt (Jordan 2008). Innovationsaffinität ist also im ursprünglichsten Sinne der technischen Relevanz ein konstituierendes Merkmal des Hackens (Coleman 2013). Insofern kann diese Affinität auch als ein generelles Merkmal des konstruktiv gestaltenden Hacker-Ethos herausgestellt werden.

2.2 Konnotationen

Es wird deutlich, das Hacken im bereits beschriebenen Sinne durchaus eine primär positive Konnotation besitzt (z. B. Jordan 2009; Levy, 2010). Trotzdem ist der Begriff vor allem in der medialen Perzeption tendenziell negativ konnotiert. Betrachtet man die bereits getroffene Differenzierung, so stellt man fest, dass dieses negative Image tatsächlich auf die *black hats* beziehungsweise *Cracker* zutrifft (Schumacher et al. 2003). Gerade die aufkommende Cyberkriminalität (Wall 2012) und der enorme Anstieg an Viren können als Erklärung dieser pauschalisierend negativen Wahrnehmung herangezogen werden (Levy 1989; Beattie 2014). Auch die Darstellung in Filmen unterstreicht das Bild des generell bösen Hackers (Melick 2015). Für Außenstehende sind Hacker dabei schwer zu verstehen, da diese Personen im bereits skizzierten Sinn eine andere Sprache sprechen respektive eine andere Kultur haben.

Trotzdem erkennt man in den letzten Jahren eine sukzessive Kehrtwende in der öffentlichen Wahrnehmung des Hackens. Dies ist auch auf den Fortschritt und die Verbreitung des Internets, insbesondere der sozialen Medien, zurückzuführen. Eine durchaus interessante Ausprägung dieser Entwicklung ist der sogenannte Hacktivism (Fuchs 2014). Zu nennen sind etwa Beispiele der Umgehung von Internetsperren bei den Demonstrationen im Arabischen Frühling (Aouragh/Alexander 2011) oder in Hong Kong (Garrett 2013). Die offensive Kommunikation Mark Zuckerbergs in Richtung potenzieller Investoren, dass Facebook dem *Hacker Way* folgt, stellt dabei eine endgültige Ankunft des Hackens im ökonomischen und gesellschaftlichen Kontext dar. Gerade durch die Verbreitung von Internet-Technologien ist es heutzutage unmöglich, nicht mit der Hacker-Kultur in Berührung zu kommen.

Vor allem die junge Generation der Digital Natives wird mit dieser Kultur konfrontiert. Die intensive Nutzung entsprechender Medien durch junge Leute führt dazu, dass sie zwangsläufig mit einer positiven Sichtweise in Berührung kommen. Zeitungen oder das Fernsehen prägen die Einstellung nicht länger im negativen Sinne. Ein positiv differenziertes Bild wird durch Unternehmen wie Facebook oder Google, Medien wie YouTube oder Videospielentwickler, wie man am Beispiel Watch_Dogs (Whitson/Simon 2014) erkennen kann, nach außen transportiert. Es ist gerade diese positiv konnotierte Sichtweise, der im vorliegenden Artikel gefolgt werden soll. Die gegebene Existenz einer negativen Seite wird jedoch nicht negiert.

2.3. Hacker-Ethik

Entgegen der bereits ausgeführten negativen medialen Berichterstattung und der damit verbundenen Kriminalisierung verhält es sich gerade so, dass im Speziellen Hacker mit moralischen Entscheidungen konfrontiert sind, die weitgehende Folgen haben können. Linus Torvalds, Mitentwickler des Linux-Betriebssystems, hat etwa durch seine Entscheidung einer freien Zugänglichkeit von Linux einen massiven Schub der Open-Source-Bewegung ausgelöst (Moody 2002). Die heute immer relevanter werdende Share-Community wurde insofern wesentlich durch die Entscheidung eines einzelnen Hackers geprägt.

Im Bewusstsein dessen haben sich Hacker schon früh mit ihrem möglichen Einfluss auseinandergesetzt und über ethisches Hacken diskutiert. Aus dieser Entwicklung hat sich die folgende Hacker-Ethik nach Definition der Chaos Computer Clubs (o. J.) in Anlehnung an Levy (2001) entwickelt:

- »Der Zugang zu Computern und allem, was einem zeigen kann, wie diese Welt funktioniert, sollte unbegrenzt und vollständig sein.
- Alle Informationen müssen frei sein.
- Misstraue Autoritäten – fördere Dezentralisierung.
- Beurteile einen Hacker nach dem, was er tut, und nicht nach üblichen Kriterien wie Aussehen, Alter, Herkunft, Spezies, Geschlecht oder gesellschaftlicher Stellung.
- Man kann mit einem Computer Kunst und Schönheit schaffen.
- Computer können dein Leben zum Besseren verändern.
- Mülle nicht in den Daten anderer Leute.
- Öffentliche Daten nützen, private Daten schützen.«

Streng genommen kann diese Hacker-Ethik jedoch nicht als Ethik im engeren Sinne betrachtet werden (Urbach 2011). Die dargestellte Hacker-Ethik stellt ein flexibles und dynamisches Konzept dar. Dieses Konzept zeigt ungefähre Leitlinien auf und keine konkreten Regeln, denen man folgen soll. Insofern klingt die Hacker-Ethik mehr nach Geboten, welche die Ideale des Hackens beschreiben.

3. Hacker-Ethos

In Abschnitt 2.3 wird beschrieben, wie die Hacker-Ethik formuliert ist, dabei ist anzumerken, dass im engeren Sinne die Begriffsbedeutung Ethik hier nicht passend ist. Es geht vielmehr um ethische Leitlinien. Daher kann das beschriebene Konzept als Ethos verstanden werden. Im griechischen Wortsinn bedeutet Ethos Gewohnheit, Sitte oder Brauch und beschreibt den Charakter oder die Gesittung. Hierbei ist aus soziologischer Perspektive die sittliche Gesinnung eines Individuums oder einer Gemeinschaft zu verstehen. Ein Ethos hilft einem Menschen bei seiner Interaktion in einer Gemeinschaft, ohne konkrete beziehungsweise starre Regeln vorzugeben.

Da es sich beim Hacken um eine Tätigkeit handelt, die der Arbeit ähnelt, ist eine Verbindung zum Arbeitsethos naheliegend. Hierbei zeigt sich eine Vielzahl gegebener Ähnlichkeiten zu anderen Bereichen eines solchen Arbeitsethos. Die Hacker-Ethik ist dabei nicht alleinstehend oder aus sich selber erstanden, sondern hat Verbindungen zu verschiedenen anderen ethischen Ansichten. Zu nennen sind hier etwa die protestantische Arbeitsethik (Mikkonen et al. 2007) oder die kommunistischen Tendenzen der Hippie-Bewegung (Coleman 2013). Barbrook (2006) erarbeitete auf Basis der verschiedenen Einflüsse auf und durch Hacker auf die moderne Arbeitswelt eine *class of the new*, auf die über 70 unterschiedliche ethische sowie kulturelle Ausprägungen einwirken (von Marx über Taylor hin zu Toffler). Auf Basis dieser Vielfalt an Einflüssen entsteht ein neuartiges Arbeitsethos, das diverse andere Auffassungen von Arbeit aufgreift und inkorporiert. Das Hacker-Ethos ist somit eine Weiterentwicklung und dient als Grundlage modernen Arbeitens in Unternehmen. Eine Notwendigkeit hierfür kann im Speziellen aus der zunehmenden Säkularisierung unserer Welt abgeleitet werden.

Das Hacker-Ethos füllt ein entstandenes Vakuum, ohne dabei auf eine kirchliche, sozialistische oder kapitalistische Vergangenheit (im negativen Sinne) zurückzublicken. Es ist eine neuartige Herangehensweise an das Konzept des Arbeitsethos durch Nutzung von bekannten sowie bewährten Wertevorstellungen, aber auch gepaart mit neuen Wertevorstellungen, die zur heutigen digitalisierten und partizipativen Welt passen.

4. Der Hacker als Built-In Schumpeter

Es ist wichtig zu beachten, dass die Arbeitswelt durch die Digitalisierung stark verändert wurde. Die alte Arbeitswelt wurde von Spezialisten für genau die zu jener Zeit passenden Rahmenbedingungen von Arbeit gestaltet. In der Welt der Digitalisierung werden allerdings mittlerweile andere Spezialisten benötigt

(Frey/Osborne 2013). Wir haben also eine neue Arbeitswelt und neue Spezialisten (wie zum Beispiel Programmierer). Diese Entwicklung ist zunächst ein Standardprozedere im Zusammenspiel zwischen Arbeitswelt und technologischem Wandel. Eine grundlegende Veränderung ergibt sich jedoch durch die Tatsache, dass die Digitalisierung nicht allein durch die Kraft von Mensch und Maschine angetrieben wird, sondern durch das Wissen und die Kreativität des Menschen (und in Zukunft auch der Maschine). Der Mensch ist dementsprechend ein integraler Bestandteil der Digitalisierung. Hierbei sind die Veränderungen tiefergehender, denn die Kraft des Menschen wird immer irrelevanter, sein Geist hingegen entsprechend wichtiger.

Hacker sind ein integraler Bestandteil dieser Veränderung. Schließlich ist gerade das Programmieren Teil der Digitalisierung und Hacken wiederum Teil des Programmierens. Dadurch gestalten diese Hacker die Arbeitswelt noch weiter. Wenn Hacken jedoch, wie Jordan (2009) beschrieben hat, Grenzen auslotet und Innovationen sucht, dann sind diese Hacker kontinuierliche Herausforderer des Systems. Diese Hacker werden also kontinuierlich versuchen, *creative destruction* (Schumpeter 1942) durchzuführen. Status Quo ist in diesem Sinne Stillstand und Dynamik ist Fortschritt (Farjoun 2010). Das Unternehmen wird dadurch flexibler, dynamischer, agiler und zugleich auch robuster. Innovation und Imitation werden proaktiv angetrieben. Es werden beständig Verbesserungen durchgeführt und gesucht.

Dieser neue Typus, den wir als *Built-In Schumpeter* bezeichnen, wird sich durch die kommende Omnipräsenz des Hacker-Ethos in der ganzen Organisation verbreiten und somit die Arbeitswelt in der Digitalisierung noch einmal verändern und zugleich zu einem grundlegenden Paradigmenwechsel führen. Gerade Hacker, die dem Hacker-Ethos folgen, sind dafür bekannt, Sachen auseinanderzunehmen und Grenzen auszutesten. Hierbei soll nicht etwas zerstört, sondern verbessert werden. Exemplarisch ist die Suche nach Sicherheitslücken in Systemen mit dem Ziel, sie zu schließen. Digitalisierung bedeutet dementsprechend nicht nur die Verwendung von neuen Technologien, sondern, durch die Built-In Schumpeters, auch einen kompletter neuen Umgang mit solchen Technologien. Die Organisation wird dadurch veränderungsbereiter und veränderungsfähiger. Technologien sind dazu da, um verbessert zu werden. Natürlich werden Produkte seit jeher weiterentwickelt und verbessert, neu ist jedoch, dass auch das Arbeitsumfeld verbessert werden soll. Beispielsweise kann eine Software, die zur Personalentwicklung genutzt wird, weiterentwickelt und mit Lernkursen aus dem Internet verlinkt werden. Deshalb fordern diese neuen Mitarbeiter viel mehr Freiräume ein. Denn sie wollen erst mal testen und ausprobieren, aber nicht eine offizielle Anfrage zum Ändern erstellen.

Auch die Arbeitsweisen ändern sich. Geregelte Arbeitszeiten sowie die Trennung zwischen Freizeit und Arbeit passen nicht zu Hackern. Phänomene wie Hackathons, also ein Marathon zur kollaborativen Software- und Hardwareentwicklung, sind wichtige Bestandteile dieser neuen Arbeit. Aber auch die langen Nächte vor dem Monitor gehören dazu, denn für den Hacker steht die Lösung des Problems im Vordergrund und darin verbeißt sich die Person. Dementsprechend suchen die Built-In Schumpeters nicht nur Probleme und Verbesserungsmöglichkeiten, sondern erarbeiten zugleich Lösungen und neue Ideen. Die Herausforderung für Unternehmen ist es, ein Umfeld zu schaffen, das dynamisch in sich und stabil im Ganzen ist, also ein homeostatisches (Ashby 1948) beziehungsweise homeodynamisches (Yates 1994) Gleichgewicht erreichen kann. In diesem Prozess hilft der Built-In Schumpeter konstruktiv mit und füllt dieses Umfeld mit Leben, es ist jedoch notwendig, diese Gestaltung zu gestalten, damit sich der neue Typus frei entfalten kann.

5. Neues Gestaltungsparadigma

Wenn das Hacker-Ethos einen in beschriebener Weise positiven Einfluss auf ein Unternehmen hat und die Built-In Schumpeters im Unternehmen arbeiten, stellt sich die Frage, wie Unternehmen dieses Hacker-Ethos in ihr Unternehmen integrieren können. Dabei ist es wichtig anzumerken, dass das Hacker-Ethos eher ein Direktiv ist, aus dem sich Leitlinien ableiten lassen. Die Gestaltung ist im jeweiligen Kontext immer einzigartig, wird aber von der *Gravitation* des Hacker-Ethos angezogen. Weiterhin werden die *Hacker* selbst (als spezifischer Mitarbeiter-Typ) im Unternehmen die Ausgestaltung übernehmen. Diese Hacker bevorzugen ein selbstorganisiertes, eigendynamisches, emergentes, selbstbestimmtes sowie bottom-up-orientiertes Umfeld. Deshalb muss die Gestaltung zwangsläufig durch die Mitarbeiter durchgeführt werden.

Die Unternehmensleitung kann dieses Umfeld jedoch unterstützen, also das Gestalten gestalten und somit die Verbreitung des Hacker-Ethos ermöglichen und beschleunigen. Um die positive Stimmung des Hackens zu nutzen, ist es notwendig, dass die Unternehmensleitung dem Hacken positiv gegenübersteht und möglichen Widerstand minimiert. Die Aufgabe der Unternehmensleitung ist daher primär eine förderliche Gestaltung des Umfeldes in der Organisation. Hierfür gibt es einige Aspekte, die die Unternehmensleitung beeinflussen kann, um die Gestaltung zu verbessern.

Bereits die *Personalrekrutierung* stellt hier einen nutzbaren Aspekt dar. Hierbei können gezielt Personen eingestellt werden, die dem Geist des Hackens folgen oder für die Hacker-Kultur besonders empfänglich sind. Auch im digitalen Zeitalter einer säkularisierten Welt ist die Eruierung ethischer Gesinnung möglich. Tendenzen des Crackens sind dementsprechend herauszufinden, denn derartige Personen einzustellen dürfte nicht im Sinne einer gewünschten positiven Konnotation sein. White hats hingegen können als Träger des Hacker-Ethos fungieren.

Die so akquirierten Mitarbeiter müssen im Kontext des *Personaleinsatzes* richtig positioniert werden. Es macht keinen Sinn, Hacker an den Rand des sozialen Netzwerks im Unternehmen zu drängen. Ein illustratives Beispiel liefert die britische Serie *The IT Crowd*, in der die IT-Abteilung im Keller des Unternehmens untergebracht wurde. Vielmehr müssen die Träger des Hacker-Ethos an zentralen Stellen des formalen Netzwerks im Sinne der hierarchischen Position zu finden sein. Aber auch und gerade im informellen Netzwerk müssen solche Personen vorhanden sein, um als sogenannter *hidden hub* zu agieren. Solch ein hidden hub ist durch die Vielzahl der sozialen Verbindungen ein Knotenpunkt im informellen Netzwerk des Unternehmens. Diese Verbindungen sind durch Kontakt und Kommunikation entstanden, und zwar unabhängig vom hierarchischen Stand im Unternehmen. Dadurch erhalten diese Hacker Legitimation und können die notwendige Akzeptanz (Drumm/Scholz 1988) schaffen und durchsetzen.

Des Weiteren kann die Unternehmensleitung an der *Arbeitsplatzgestaltung* Verbesserungen vornehmen. Hacker arbeiten und kommunizieren vermehrt mit Computern. Es besteht gerade mit Blick auf die übergreifende Kommunikation zwischen Hackern und klassisch geprägten Mitarbeitern des Unternehmens die Gefahr einer geringen Kommunikation. Kommunikationsräume und Bereiche der Begegnung sollten daher an Bedeutung gewinnen. Dadurch können die Träger des Hacker-Ethos auch mit anderen Personen kommunizieren und entsprechend ihre Ideen weitergeben. Exemplarisch kann dies die profane Positionierung der Kaffeeküche sein. An der richtigen Position wird sie die Kommunikation verbessern und das soziale Netzwerk intensivieren. Knoten des Netzwerks werden vertieft. Hierbei reicht bereits die Schaffung einer Infrastruktur, da die Ausgestaltung selbstorganisierend durch die Hacker erfolgt. Eine der ersten Verwendungen einer Webcam im Jahre 1991 war für eine Kaffeemaschine: Die so genannte Trojan-Room-Kaffeemaschine wurde per Webcam überwacht und jeder Mitarbeiter wusste, ob gerade frischer Kaffee vorhanden war (Stafford-Fraser, 2001). Hier zeigt sich die kreative und innovative Gestaltung des Arbeitsumfeldes durch Hacker.

Ebenso muss sich die Unternehmensleitung generell in der *Personalführung* umstellen. Die Führungskräfte müssen offen für neue Ideen sein und Freiräume schaffen. Der transformationale Führungsstil (Bass 1991) wird zur Pflicht und muss verstärkt gelebt werden. Partizipation und Engagement sind dabei wichtige Aspekte, ebenso wie die Gewährung von Freiräumen. Klassische Beispiele sind in diesem Kontext der Google Friday oder die Facebook Hackathons. Hier haben die Mitarbeiter die Freiheit zur Generierung neuer Ideen. Ein anderes Beispiel ist die offene Kultur bei Valve, wo neue Spiele auf Basis von Mehrheiten entwickelt werden. Wenn jemand eine gute Idee hat, dann muss diese Person eine ausreichende Anzahl von Leuten überzeugen, um eine Umsetzung zu realisieren. Ein Vetorecht der Unternehmensleitung besteht hierbei nicht (oder wurde zumindest bis jetzt noch nie genutzt).

6. Ergebnis

Dem Hacker-Ethos wird eine immer weiter ansteigende Relevanz zukommen. Nicht nur wachsen die neuen Generationen damit auf, sondern dieses Arbeitsethos wird im Speziellen in den immer intensiver genutzten Medien propagiert. Gerade in der Betrachtung der Gamer-Kultur (Shaw 2010; Taylor 2012) finden sich viele Überschneidungen. Es ist daher für Unternehmen wichtig, solch eine Kultur zu fördern. Dies kann sowohl über die Beliebtheit entsprechender Unternehmen wie Facebook oder Google als Arbeitgeber begründet werden als auch mit Blick auf den ökonomischen Erfolg dieser Hacker-Unternehmen.

Weiterhin wird eine entscheidende Lücke in den vorherrschenden Wertvorstellungen gefüllt. Das neu aufkommende Hacker-Ethos ähnelt in seinen Grundzügen dem protestantischen Arbeitsethos, ohne dabei einen Bezug zur Religion aufzuweisen. Es ähnelt der sozialistischen Arbeitsauffassung, ohne kommunistisch zu klingen, und mutet liberalistisch an, ohne zügellos kapitalistisch zu sein. Zugleich fördert das Hacker-Ethos die Dynamik und die Flexibilität im Sinne kontinuierlicher Veränderung und Verbesserung. Dadurch halten klassisch bewährte sowie neue Wertvorstellungen (wieder) Einzug in die Unternehmen. Dies ist ein Aspekt, der in der heutigen Zeit von Corporate Social Responsibility ein notwendiger Hebel sein könnte.

Das Hacker-Ethos transformiert die Unternehmen maßgeblich. Die Unternehmensleitung muss dabei jedoch nur wenig gestalten. Jenseits der Rahmenbedingungen liegt die komplette Gestaltung in den Händen der Hacker. Andernfalls läge ein fundamentaler Verstoß gegen das Hacker-Ethos vor. Die Unternehmensleitung muss sich mit dem Gestalten des Gestaltens begnügen. Diese Aufgabe wird erfolgskritisch, denn das Unternehmen kann gerade hier das Hacker-Ethos verstärken, intensivieren und unterstützen.

Folglich wird sich in solch einem zeitgemäßen Unternehmen viel verändern. Dies bezieht sich im Speziellen auf eine zunehmende Abgabe von Macht. Jedoch trifft ein Unternehmen mit dem Geist des Hackens den Zahn der Zeit und wird in einer volatilen Zukunft weiterhin konkurrenzfähig bleiben.

Literatur

Aouragh, Miriyam/Alexander, Anne (2011): The Arab spring the Egyptian experience: Sense and nonsense of the internet revolution. International Journal of Communication 5, S. 1344–1358.

Ashby, W. Ross (1948): Design for a brain. Electronic Engineering 20, S. 379–383.

Baichtal, John (2011): Hack this: 24 incredible hackerspace projects from the DIY movement. Indianapolis.

Bass, Bernard M. (1991): From transactional to transformational leadership: Learning to share the vision. Organizational Dynamics 18, S. 19–31.

Beattie, Andrew (2014): 5 Reasons you should be thankful for hackers. http://www.tech opedia.com/2/27750/security/5-reasons-you-should-be-thankful-for-hackers [abgerufen am 21.09.2015].

Caldwell, Tracey (2011): Ethical hackers: Putting on the white hat. Network Security 7, S. 10–13.

Chaos Computer Club (o. J.): Hackerethics. https://www.ccc.de/hackerethics [abgerufen am 21.09.2015].

Coleman, E. Gabriella (2013): Coding freedom: The ethics and aesthetics of hacking. Oxford.

Conti, Gregory (2006): Introduction. Communications of the ACM 49, S. 33–36.

Cross, Tom (2006): Academic freedom and the hacker ethic. Communications of the ACM 49, S. 37–40.

Dasgupta, Sayamindu/Resnick, Mitchel (2014): Engaging novices in programming, experimenting, and learning with data. ACM Inroads 5, S. 72–75.

Drumm, Hans J./Scholz, Christian (1988): Personalplanung. Planungsmethoden und Methodenakzeptanz. 2. Aufl., Bern – Stuttgart.

Erickson, Jon (2008): Hacking: the art of exploitation. San Francisco.

Farjoun, Moshe (2010): Beyond dualism: Stability and change as a duality. Academy of Management Review 35, S. 202–225.

Frey, Carl Benedikt und Michael A. Osborne (2013): The future of employment: How susceptible are jobs to computerisation. OMS Working Paper, S. 1–72.

Fuchs, Christian (2014): Hacktivism and contemporary politics. In: Trottier, Daniel/Fuchs, Christian (Hrsg.), Social media, politics and the state: Protests, revolutions, riots, crime and policing in the age of Facebook, Twitter and YouTube. New York, S. 88–106.

Garrett, Daniel (2013): Visualizing protest culture in China's Hong Kong: Recent tensions over integration. Visual Communication 1, S.: 55–70.

Himanen, Pekka (2010): The hacker ethic. New York.

Jordan, Tim (2008): Hacking: Digital media and technological determinism. Cambridge.

Jordan, Tim (2009): Hacking and power: Social and technological determinism in the digital age. First Monday 14.

Keyani, Pedram (2015): Hacking company culture. https://medium.com/@pedramkeyani/hacking-company-culture-1daa3be1d769 [abgerufen am 21.09.2015].

Levy, Steven (1989): The hacker as scapegoat. Computerworld 10, S. 80–82.

Levy, Steven (2001): Hackers: Heroes of the computer revolution. New York.

Levy, Steven (2012): Mark Zuckerberg, the hacker way and the art of the founder's letter. http://www.wired.com/2012/02/zuckerberg-hacker/ [abgerufen am 21.09.2015].

McKenzie, Wark (2004): A hacker manifesto. Cambridge.

Medick, Richard (2015): Did Blackhat just break the hacker movie stereotype? http://www.webroot.com/blog/2015/01/16/blackhat-movie-review/ [abgerufen am 21.09.2015].

Mikkonen, Teemu/Vadén, Tere/Vainio, Niklas (2007): The Protestant ethic strikes back: Open source developers and the ethic of capitalism. First Monday 12.

McMullan, Thomas (2015): The world's first hack: The telegraph and the invention of privacy. [Online] in: http://www.theguardian.com/technology/2015/jul/15/first-hack-telegraph-invention-privacy-gchq-nsa [abgerufen am 30.09.2015].

Moody, Glyn (2002): Rebel code: The inside story of Linux and the open source revolution. New York.

Orlikowski, Wanda J. (1992): The duality of technology: Rethinking the concept of technology in organizations. Organization Science 3, S. 398–427.

Pfaffenberger, Bryan (1988): The social meaning of the personal computer: Or, why the personal computer revolution was no revolution. Anthropological Quarterly 61, S. 39–47.

Schmenner, Roger W. (2015): The pursuit of productivity. Production and Operations Management 24, S. 341–350.

Schumacher, Markus/Rödig, Utz/Moschgath, Marie-Luise (2003): Hacker und Cracker. In: Schumacher, Markus/Rödig, Utz/Moschgath, Marie-Luise (Hrsg.), Hacker Contest. Berlin – Heidelberg, S. 71–112.

Schumpeter, Joseph A. (1942): Capitalism, socialism and democracy. London – New York.

Shaw, Adrienne (2010): What is video game culture? Cultural studies and game studies. Games and Culture 5, S. 403–424.

Shein, Esther (2014): Should everybody learn to code? Communications of the ACM 57, S. 16–18.

Stafford-Fraser, Quentin (2001): The life and times of the first web cam. When convenience was the mother of invention. Communications of the ACM 44, S. 25–26.

Stallman, Richard (2014): The GNU Project. http://www.gnu.org/gnu/thegnuproject.html [abgerufen am 21.09.2015].

Stein, Volker (2009): Kondratiew-Zyklus. In: Scholz, Christian (Hrsg.), Vahlens Großes Personallexikon. München, S. 603–604.

Stöcker, Christian (2011): Nerd Attack! Eine Geschichte der digitalen Welt vom C64 bis zu Twitter und Facebook. München.

Taylor, T. L. (2012): Raising the stakes. E-Sports and the professionalization of computer gaming. Cambridge.

Thomas, Douglas (2002): Hacker culture. Minneapolis.

Wall, David S. (2012): The devil drives a Lada: The social construction of hackers as the cybercriminal. In: Gregoriou, Christiana (Hrsg.), The construction of crime. Discourse and cultural representations of crime and deviance. New York, S. 4–18.

Whitson, Jennifer R./Simon, Bart (2014): Game studies meets surveillance. Studies at the edge of digital culture: An introduction to a special issue on surveillance, games and play. Surveillance & Society 12, S. 309–319.

Yates, F. E. (1994): Order and complexity in dynamical systems: Homeodynamics as a generalized mechanics for biology. Mathematical and computer modelling 19, S. 49–74.

Christian Henrich-Franke

Experten versus Politiker: Wer gestaltet die transnationalen Netze der Telekommunikation?

»It is used to be said that the ITU was an old boys' club. Judging from the WARC 1979 it remains so.«
(Glen Robinson)

1.   Einleitung

Glen Robinson, der Leiter der US Delegation auf der Funkverwaltungskonferenz der Internationalen Telekommunikationsunion (ITU) 1979 in Genf, betonte nach dem Ende der Konferenz, dass trotz veränderter Rahmenbedingungen gegen Ende der 1970er Jahre letztlich die Gestaltung von Telekommunikationsnetzen einmal mehr von wissenschaftlich-technischen Experten vorgenommen worden war, und dies nach Regeln, wie sie schon lange etabliert waren. Die aus Robinsons Perspektive ›richtigen‹ Prinzipien der Gestaltung hätten sich dabei gegen Ziele und Handlungsweisen durchgesetzt, die mit den etablierten und seiner Ansicht nach bewährten Handlungsroutinen nicht kongruent erschienen. Mit Genugtuung stellte Robinson fest, dass es gelungen war, ungerechtfertigte politische Einflüsse aus der Gestaltung von transnationalen Telekommunikationsnetzen herauszuhalten. Eine solche Aussage wirft freilich die Frage danach auf, wer überhaupt, mit welcher Legitimation und mit welchen Zielen transnationale Netze gestalten darf.

In diesem Beitrag soll es darum gehen, langfristige Wandlungsprozesse bei der Gestaltung transnationaler Telekommunikationsnetze zu erfassen. Es werden die Fragen aufgeworfen: Wie wurden die institutionellen Bedingungen für die Gestaltung von Telekommunikationsnetzen – hier verstanden als Standardisierung und Planung von Netzen – selber gestaltet? Wie und warum wandelten sich die institutionellen Bedingungen des Gestaltens? Wer darf die transnationalen Netze zu welchem Zeitpunkt in der Geschichte gestalten? Waren dies (wissenschaftlich-technische) Experten oder Politiker?

Zeitlich geht es um die ›longue durée‹ der Entwicklungen während der Industriemoderne, das heißt von der Mitte des 19. Jahrhunderts bis gegen Ende des 20. Jahrhunderts, wobei spezifische Wandlungsperioden der institutionellen

Strukturen in den Blick genommen werden, innerhalb derer nach neuen institutionellen Lösungen (Strukturen wie Akteure) für neue Aufgaben (technische
Innovationen oder internationale Rahmenbedingungen) gesucht wurde.
Wenngleich hier prinzipiell das gesamte ›Gestaltungsregime‹ der global zu-
ständigen Internationalen Telekommunikationsunion (ITU) in den Blick genommen wird, soll dennoch ein geografischer Schwerpunkt auf Europa gelegt
werden, da hier die Gestaltung transnationaler Telekommunikationsnetze zuerst
erfolgte, es aufgrund der ›kleinstaatlichen‹ Struktur bis heute am dringlichsten
ist und die Staaten Europas insgesamt eine zentrale Rolle einnehmen.

Wenn es im Folgenden um Telekommunikationsnetze geht, dann muss immer
auch betont werden, dass es sich hierbei um die Gestaltung einer elementaren
Grundstruktur für das Funktionieren von Wirtschaften und Gesellschaften
handelt. Diese Netze haben eine immense wirtschaftliche wie politische Bedeutung, die sich insbesondere in modernen Informationsgesellschaften kaum
mehr monetär erfassen lässt (van Laak 2004).

Von der historischen Forschung ist die internationale Telekommunikation als
zentrales Thema der Geschichte der grenzüberschreitenden Zusammenarbeit
erst in den letzten Jahren entdeckt worden. Mittlerweile liegen aber eine Reihe
von Arbeiten zur internationalen Standardisierung (Henrich-Franke 2005;
Ambrosius/Henrich-Franke 2015), zur internationalen Zusammenarbeit im
Bereich Post- und Fernmeldewesen (Wobring 2004; Kammerer 2010; Laborie
2010; Fari/Balibi/Richeri 2015) insgesamt und zum Spezialaspekt der europäischen Zusammenarbeit vor (Van Laer 2006; Neutsch 2010; Ahr 2013), die für
den Zeitraum bis in die frühen 1980er Jahre hinein sehr quellendicht geschrieben sind und Aspekte des ›Gestaltens‹ aus unterschiedlichen Perspektiven
streifen. Zu einem großen Teil sind diese Arbeiten innerhalb eines For-
schungsschwerpunktes zur ›Historischen Infrastrukturforschung‹ an der Universität Siegen entstanden (*www.infrastrukturintegration.de*) und liefern die
Grundlage für den vorliegenden Beitrag.

2.   Vorüberlegungen zu Gestaltern und Perspektiven

Die Planung und Gestaltung von Telekommunikationsnetzen (Telegraph, Tele-
fon, Funk) setzt ein hohes Maß an wissenschaftlich-technischem Fachwissen
voraus, das im relevanten Zeitraum immer spezialisierter wurde. Telekommunikationsnetze erfordern komplexe und sehr heterogene Gestaltungsanforderungen wie etwa Netzverläufe, technische Spezifika, betriebliche Parameter oder
Tarife, die auf verschiedene Weise interdependent sind. Kennzeichnend für Telekommunikationsnetze sind die hohen finanziellen Implikationen ihrer Errichtung und Instandhaltung: Übertragungskabel werden im Boden verlegt,

Sendemasten aufgebaut, Satelliten in die Umlaufbahn gebracht und Vermittlungsstellen errichtet. Hierbei entstehen vielfältige sogenannte versunkene Kosten, die sich erst über lange Betriebszeiten amortisieren.

Die Gestaltung transnationaler Telekommunikationsnetze kann unterschiedliche Ziele verfolgen, aus denen heraus sich wiederum unterschiedliche Rationalitäten im Verhalten der Gestalter ergeben. Wenngleich hier nicht alle Ziele aufgelistet werden können, so soll dennoch mit einigen generalisierenden Kategorien als Orientierungshilfe gearbeitet werden:

(1) Wissenschaftlich-technische Ziele bestehen darin, die technische Leistungsfähigkeit der Netze beziehungsweise ihrer einzelnen Komponenten unabhängig von Kosten durch Systemoptimierungen zu maximieren. Die technische Weiterentwicklung steht im Vordergrund.

(2) Wirtschaftliche Ziele fokussieren einen kosteneffizienteren Betrieb der Netze, der beispielsweise durch günstige Technologie, effektivere Netzausnutzung oder auch lange Amortisierungszeiträume sichergestellt werden soll.

(3) Unter politischen Zielen subsumieren sich eine Reihe von unterschiedlichen Aspekten wie die Etablierung bzw. Sicherung eines spezifischen Organisationstypus von Netzbetreibern (z. B. staatlich oder privat; Monopol oder Konkurrenz), die Verteilung von Ressourcen, Regelungen des Netzzugangs oder auch die Errichtung bzw. Aufrechterhaltung von Sicherheitsdiensten (z. B. Notruf und Verteidigung), unter anderem geht es hier um die Wahrnehmung von Souveränitätsaufgaben.

Aus allen drei Zielkategorien ergeben sich unterschiedliche Rationalitäten im Handeln. Den Zielen und Rationalitäten lassen sich – ebenfalls aus der Perspektive der Typisierung von Gestaltern – ganz unterschiedliche Akteure zuweisen. Hier sollen zwei Typen im Vordergrund stehen: Erstens wissenschaftlich-technische Experten, unter denen im Folgenden in erster Linie Telekommunikationsingenieure und Technikentwickler verstanden werden, die sich an den technischen Zielen orientieren. Zweitens Politiker (Diplomaten, Regierungsvertreter etc.), die ihr Handeln primär an den skizzierten politischen Zielen ausrichten.

Die hier aufgelisteten Ziele, Rationalitäten und Akteure sind stark generalisierte Typisierungen, um die komplexen Zusammenhänge auf wenige Variablen zu reduzieren. Dass es in der Realität zu vielfältigen Überlappungen kommen kann, wird immer dann thematisiert, wenn es für das Verständnis der Zusammenhänge notwendig ist.

3.   Wendemarken der Gestaltung transnationaler Telekommunikationsnetze

Seit den 1830er Jahren wurden erste (elektrische) Telegraphenlinien verlegt, wobei anfangs der Netzausbau sich noch ›Hand in Hand‹ mit der Errichtung der Eisenbahnlinien vollzog. Die dabei errichteten Netze unterschieden sich in ihren technischen Eigenschaften noch recht stark, so dass ab Ende der 1840er Jahre die Frage der Standardisierung dringlicher wurde, um die Telegrafie auch über weite Entfernungen nutzen zu können (Wobring 2007). Die erste zwischenstaatliche Organisation, die sich dann der Gestaltung transnationaler Netz annahm, war der 1850 gegründete ›Deutsch-Österreichische Telegraphenverein‹ (DÖTV) (Reindl 1993). Dieser legte zwar zunächst einen Schwerpunkt auf tarifliche Aspekte (Gebühren und Abrechnungsverfahren), gleichwohl wurden auch erste Vereinbarungen über Betriebsabläufe getroffen (Betriebszeiten, Zeichen, Codes, Tarifhöhen und Tarifzonen). Mit leichter zeitlicher Verzögerung entstand 1855 im südwesteuropäischen Raum der ›Westeuropäische Telegraphenverein‹, dessen institutionelle Struktur und inhaltlichen Regelungen sich nur unwesentlich von denen des DÖTV unterschieden. Es war nur eine Frage der Zeit, bis eine Verschmelzung der beiden Vereine auf die Tagesordnung gesetzt wurde, so dass schließlich 1865 in Paris der internationale Telegraphenverein (Union International du Télégraphe – UIT) als Institution zur Gestaltung grenzüberschreitender Telegraphenverbindungen mit globalem Anspruch ins Leben gerufen wurde (Fari/Balbi/Richeri 2013). Dieser war zunächst eher ein Vertragswerk denn eine internationale Organisation nach modernem Verständnis. Dies war auf einer Konferenz der Regierungsvertreter – vornehmlich aus dem diplomatischen Dienst mit Assistenz höherer Beamter der nationalen Monopolverwaltungen für Telegraphie – ausgehandelt worden. Private Betriebsgesellschaften, wie sie etwa in den USA die Regel waren, wurden nicht zugelassen, legitimierten die anwesenden Akteure doch ihre Tätigkeit über die Wahrnehmung einer staatlichen Souveränitätsaufgabe. 1868 erhielt die UIT dann sogar ein permanentes Büro in Bern, um die administrativen Angelegenheiten zu regeln (Balbi 2015).

3.1   Die Institutionalisierung der Gestaltung transnationaler Telekommunikationsnetze (1875)

Aus der Perspektive der Tätigkeit des Gestaltens stellte die Regierungskonferenz 1875 in St. Petersburg eine erste entscheidende Wendemarke dar. Hatte bis 1875 die internationale Zusammenarbeit einen intergouvernemental-diplomatischen

Charakter besessen, so wurde nun mit der Errichtung von Verwaltungskonferenzen ein Organ geschaffen, innerhalb dessen sich neben den politischen Verantwortungsträgern auch wissenschaftlich-technische Experten direkt über betriebliche und technische Aspekte grenzüberschreitender Telegraphenverbindungen austauschen konnten. Sogar private Betriebsgesellschaften wurden in beratender Funktion zugelassen und damit erste rudimentäre Formen der Teilhabegestaltung etabliert. Neben den Gründungsvertrag (Convention) mit seinen grundlegenden ordnungspolitischen Standards und den Bestimmungen über die Organisationsstruktur der UIT trat nun eine durch die Verwaltungskonferenz ausgehandelte Vollzugsordnung, in der die konkreten Ausführungsbestimmungen und detaillierteren Standards festgehalten wurden. Auf der Regierungskonferenz von St. Petersburg war somit ein Paradigmenwechsel für die Gestaltung transnationaler Netze vollzogen worden, da fortan neue Typen von ›Gestaltern‹ explizit in die Gestaltungstätigkeit einbezogen wurden, die sich neben der Wahrnehmung einer staatlichen Souveränitätsaufgabe in erster Linie über die wissenschaftlich-technische Rationalität ihrer Tätigkeit legitimierten.

Der Paradigmenwechsel wirkte sich vielfältig auf die Praxis der gestalterischen Tätigkeit aus: Politisch-diplomatische Akteure traten nun merklich hinter die wissenschaftlich-technischen zurück und überließen ihnen die Gestaltung transnationaler Telegraphennetze. Die Regierungskonferenz der UIT sollte gar bis 1932 nicht wieder zusammentreten. Die Verwaltungskonferenzen wurde fortan die Regel und dort die Praktiken des Gestaltens auf den regelmäßig wiederkehrenden Konferenzen weiterentwickelt (Codding 1952). Derweil spielten die technischen Standards noch eine eher geringere Rolle und auch die Industrie war letztlich vergleichsweise unbedeutend. Technische Angleichungsprozesse fanden in dieser frühen Phase eher indirekt statt, beispielsweise über die technischen Beiträge in der Vereinszeitschrift der UIT, dem Journale Télégraphique, die enorm zum Wissenstransfer beitrugen (Fari/Balbi/Richeri 2013, S. 3).

Eine Reihe von Gestaltungsprinzipien transnationaler Telegrafennetze bildete sich in der praktischen Tätigkeit heraus:

(1) Erstens wurde der Schutz nationaler Netze und ihrer Spezifika zur Leitlinie der gestalterischen Tätigkeit. Da die UIT nur die grenzüberschreitenden Verbindungen thematisierte, reichte es vollkommen aus, die verschiedenen nationalen Netze an ihren Außengrenzen durch ›Gateway‹-Technologien miteinander zu verknüpfen.

(2) Dies eröffnete freilich die Möglichkeit für eine industrieprotektionistische Haltung der Akteure. Soweit möglich (und notwendig) schützten die ›Gestalter‹ ihre nationale Industrie.

(3) Der gegenseitige Schutz drückte sich dann auch in der Maxime der Einstimmigkeit in den Beschlüssen der Verwaltungskonferenzen aus. Obgleich

Mehrheitsentscheidungen entsprechend der UIT-Statuten herbeigeführt werden konnten, verzichteten die Gestalter in der Praxis auf diese Option (Laborie 2010).

Wenn in der zweiten Hälfte des 19. Jahrhunderts die politisch-diplomatischen Akteure den wissenschaftlich-technischen Experten das Feld überließen, dann lag dies an der Praxis des Gestaltens, welche politischen Zielen nicht zuwider lief. Insofern gab es auch keinen politischen Widerstand, als dieses Muster der Gestaltung transnationaler Telegraphennetze allmählich auf die neu entstehenden Telekommunikationsvarianten des Telefons (ab den 1880er Jahren) und des Funks (ab den 1900er Jahren) übertragen wurde (Fuchs 1998; Friedewald 2000; Ahr 2013).

3.2   Wissenschaftlich-technische Expertengremien (1920er Jahre)

Eine nachhaltige Veränderung im Gestaltungsregime brachte dann in den 1920er Jahren die technische Entwicklung des Telefons. Insbesondere die zunehmenden Möglichkeiten immer größere Distanzen zu überwinden, hatten schon vor dem Ersten Weltkrieg erhebliche Fortschritte gemacht. Noch vor dem Kriegsausbruch fanden erste internationale Technikertreffen statt, unter anderem weil die immer komplexere Technik prospektive und immer detailliertere Absprachen und Standardisierungen erforderte, die nicht mehr im Rahmen einzelner Verwaltungskonferenzen zu vereinbaren waren. Diese Absprachen mussten aber ad hoc ohne festen institutionellen Rahmen erfolgen. Als dann nach dem Krieg die Errichtung transnationaler Telefonlinien in größerem Umfang anvisiert wurde, galt es, für die Diskussion technischer und betrieblicher Standards einen geeigneten Rahmen zu finden. Daraus resultierte eine Transformation der Tätigkeit des Gestaltens transnationaler Telekommunikationsnetze.

Die Initiative ergriff der französische Telefoningenieur George Valensi, indem er die Experten der europäischen Verwaltungen zu einem Treffen in Paris einlud. Eingehend wurde die Errichtung eines zentralen Kontrollorgans für die technische Weiterentwicklung des Telefonnetzes erörtert. Da die Erarbeitung technischer und betrieblicher Standards möglichst frei von politischen und wirtschaftlichen Zielen, rein unter wissenschaftlich-technischen Gesichtspunkten erfolgen sollte, einigten sich die Ingenieure darauf, ein reines Expertengremium einzusetzen, das institutionell von der UIT unabhängig sein sollte. Es ging entsprechend um die Trennung der Wahrnehmung einer staatlichen Souveränitätsaufgabe durch die rechtlich bindende Regulierung auf den Verwaltungskonferenzen sowie der technischen Untersuchung und Empfehlung (Standardisierung). Politische, wirtschaftliche und wissenschaftliche Ziele sollten getrennt werden. Bereits auf diesem ersten Treffen wurden eine Reihe von primär wissenschaftlich-technischen Grundsatzfragen der Gestaltung transnationaler Telefonverbindungen erörtert und erste Beschlüsse gefasst, beispielsweise hinsichtlich technischer Grundcharakteristika für Telefonverbindungen über lange Distanzen oder Bestimmungen für den Betrieb und die Instandhaltung der Linien. Es wurde gar ein Programm für die sukzessive Errichtung eines unter technischen Gesichtspunkten effizienten europäischen Netzes beschlossen.

Die Einigung in den technischen Fragen bestärkte die Experten in ihren institutionellen Überlegungen, so dass nur ein Jahr später mit dem ›Comité Consultatif International des Téléphonique‹ (CCIF) eine permanente Institution etabliert wurde, die weder auf einem Regierungsabkommen basierte noch mit der UIT formell verbunden war. Das CCIF wurde als rein wissenschaftlich-technisches Gremium konzipiert, innerhalb dessen in Studiengruppen technische und betriebliche Aspekte unabhängig von politischen Vorgaben diskutiert werden sollten. Politische Akteure und politische Ziele wurden explizit ausgeklammert. Zwar erlaubte die Rechtskonstruktion des CCIF nur, unverbindliche Standards auszusprechen, dafür öffnete es seine Gremien jedoch für die beratende Partizipation von wissenschaftlich-technischen Organisationen und der Geräteindustrie. Die Teilhabegestaltung wurde somit auf eine wesentlich breitere und aktivere Basis gestellt. Sogar spezielle Untersuchungslabors in Paris und eine mobile Messstation wurden errichtet, um gemeinsame wissenschaftliche Studien vornehmen zu können (Laborie 2006, S. 195). Das CCIF und seine Mitglieder bezogen die eigene Legitimation sowohl aus der Vorstellung der Überlegenheit technisch-wissenschaftlicher Rationalität als auch aus der Partizipation der Industrie und wissenschaftlich-technischer Interessensorganisationen. Die Ingenieursausbildung und wissenschaftliche Expertise dienten fortan als Ticket für das CCIF und die Akzeptanz durch die anderen Experten. Da hinter dem CCIF auch die Idee stand, wissenschaftlich-technische Expertise auf breiter Basis heranzuziehen, um den politischen Entscheidungsträgern auf den Verwaltungskonferenzen Empfehlungen an die Hand zu geben, sollte das CCIF einen Beitrag zur Arbeit der UIT leisten. Bemerkenswerterweise wurde das institutionelle Modell des CCIF binnen weniger Jahre (bis 1927) auf die Telegraphie (CCIT) und den Funk (CCIR) übertragen, so dass ein Gestaltungsmodell für den gesamten Telekommunikationssektor entstand (Chapuis 1976).

Parallel zur Ausdifferenzierung des Telekommunikationsregimes kristallisierten sich auf nationaler Ebene kartellartige Verflechtungen zwischen den Geräte produzierenden Industrien und den monopolistisch organisierten Fernmeldeverwaltungen heraus. Vorausgegangen war in fast allen Ländern ein starker Konzentrationsprozess in der Geräteindustrie, der nahezu überall zu monopolistischen oder oligopolistischen Strukturen auf den Märkten für Endgeräte führte. Die Regierungen und Fernmeldeverwaltungen nahmen hierbei eine aktive Rolle ein, investierten sie doch nicht selten hohe Summen in die technische Entwicklungsarbeit der privaten Geräteindustrie. Viele Staaten assistierten sogar beim Aufbau einer monopolistischen Geräteindustrie wie etwa Siemens oder Philipps. Der Schutz der nationalen Geräteindustrie lag freilich auch im wirtschaftspolitischen Interesse der nationalen Regierungen. Insbesondere in den großen Ländern mit einer hohen Zahl von Telefonnutzern wurde die Abschottung der nationalen Telefonnetze durch diverse Formen der (technischen) Inkompatibilität als ein zentrales marktstrategisches Anliegen angesehen. Lukrative nationale Märkte sollten vor der ausländischen Konkurrenz geschützt werden (Cowhey 1990; Noam 1992).

3.3   Politische Supervision – beratende Experten (1940er Jahre)

Als noch während des Zweiten Weltkrieges damit begonnen wurde, in Folge der Atlantik Charta dem internationalen System eine gänzlich neue Grundstruktur als Vereinte Nationen zu geben, wurden auch die eher technischen Organisationen wie die UIT, die sich seit 1932 Internationale Telekommunikationsunion (ITU) nannte, in die Überlegungen einbezogen (Reinalda 2009). Der Konstruktion der Vereinten Nationen lagen dabei mehrere Gestaltungsprinzipien zu Grunde, die auch die Gestaltung der transnationalen Telekommunikationsnetze nachhaltig beeinflussen sollten. Einerseits wurde für internationale Angelegenheiten wesentlich stärker auf wissenschaftlich-technische Expertise und deren Rationalität im Umgang mit grenzüberschreitenden Problemen zurückgegriffen. Andererseits wurde die politische Supervision in einem zentralisierten und eng miteinander verwobenen System durch politische Institutionen wie etwa den Weltsicherheitsrat gestärkt. Zwar verhinderten der aufziehende Kalte Krieg (Ost-West-Gegensatz) und ein beherzt geführter Kampf der ITU-Verantwortlichen um die Unabhängigkeit von den Vereinten Nationen eine konsequente Eingliederung in das UN-System. Nichtsdestotrotz wurden entscheidende Modifikationen an der institutionellen Struktur der ITU vorgenommen (Laborie 2011; Henrich-Franke 2014).

Die strukturellen Veränderungen, die von der ITU-Regierungskonferenz 1947 in Atlantic City in der ITU Convention festgelegt wurden, bestätigten die Trennung von politischer Souveränitätsausübung sowie wissenschaftlich-technischer Beratung im Gestaltungsprozess:

(1) Die politische Supervision, d.h. die Evaluation und Bewertung des Gestaltungsprozesses und seiner Ergebnisse durch die politischen Verantwortungsträger wurde gestärkt. Erstens erhielt die ITU einen permanenten Verwaltungsrat als Vertretungsorgan der Regierungen, der jährlich tagen

sollte. Zweitens wurde für die Regierungskonferenzen ein regelmäßiger Rhythmus von fünf Jahren angestrebt.

(2) Die Union erhielt ein Generalsekretariat für die Erledigung der expandierenden Verwaltungstätigkeit.

(3) Der Eurozentrismus der ITU wurde aufgebrochen, indem die formelle Stimmengleichheit aller Mitglieder hergestellt und Kolonialstimmen abgeschafft wurden.

(4) Die drei CCIs (CCIF, CCIT, CCIR) wurden formell in die ITU eingegliedert, unter anderem um ihnen die administrativen Kapazitäten der permanenten Organe effektiver zugänglich zu machen.

(5) Schließlich musste das Berner Büro nach Genf umziehen und sich in direkter Sichtweite der dortigen Organe der Vereinten Nationen ansiedeln – direkt auf der anderen Straßenseite des Palais des Nations.

Im Gegenzug zur Stärkung der politischen Supervision wurde allerdings die praktische Gestaltungstätigkeit von grenzüberschreitenden Telekommunikationsnetzen in den CCIs und auf den Verwaltungskonferenzen unberührt gelassen. Die bestehenden Gestaltungsprinzipien wurden nicht hinterfragt. Im Gegenteil, die funktionale Autonomie beider Gremien blieb nicht nur erhalten, sondern die wissenschaftlich-technischen Ziele und Akteure wurden im Kontext der Vereinten Nationen ausdrücklich begrüßt.

Die explizite Trennung der wissenschaftlich-technischen Gestaltung der Telekommunikationsnetze und der politischen Supervision beziehungsweise Organisationsaspekte sollte sich in den Augen der beteiligten Akteure in den 1950er Jahren bewähren. Sie erlaubte es, die großen globalpolitischen Spannungsfelder aus der praktischen Gestaltungsarbeit herauszuhalten. Stritten während des Kalten Krieges die diplomatischen Vertreter beider Lager auf den Regierungskonferenzen und den Verwaltungsratssitzungen über politisch brisante Themen wie die Mitgliedschaft der DDR oder die Vertretung West-Berlins, so sehr kooperierten die wissenschaftlich-technischen Experten beider Lager in der Frage der technischen Standardisierung (Henrich-Franke 2006). Selbst während der ›Frostperioden‹ des Kalten Kriegs tagten die CCIs zumeist problemlos und empfahlen einvernehmlich Standards. Auch in den untergeordneten technischen Gremien der Verwaltungskonferenzen blieben Konflikte aus. Letztlich wurden so die Gestaltungsziele für transnationale Telekommunikationsnetze der politischen Entscheidungsträger wie der wissenschaftlich-technischen Experten mehr oder weniger erreicht.

In der praktischen Gestaltungstätigkeit der Verwaltungskonferenzen verfestigten sich fortan die bestehenden Gestaltungsprinzipien zu einer Handlungsmaxime in Form einer impliziten ›Standardisierungskultur‹, die sich mit folgenden Schlagworten zusammenfassen lässt:

(1) In technischer Hinsicht hatte sich eine Interkonnektivitätskultur gebildet, nach der zwar Telekommunikationsnetze international kompatibel gestaltet wurden, letztlich aber ein Schutz nationaler (Monopol-) Märkte ebenso konstitutiv war. Internationale Telekommunikationsstandards gaben oftmals nur einen Rahmen vor, innerhalb dessen nationale Spezifika realisiert wurden, die zwar die Kompatibilität der Netze gewährleisteten, aber eben keine Interoperabilität. Es galt, wie Leonard Laborie es ausdrückte: »*crossing but not erasing national boundaries*« (Laborie 2006, S. 209). Damit waren die Gestaltungsoptionen eingeengt, da nur solche Innovationen akzeptabel waren, die der Interkonnektivitätskultur nicht widersprachen. Dass dies eigentlich nicht dem Ideal einer wissenschaftlich-technischen Rationalität entsprach, störte kaum jemanden.

(2) Für die institutionellen Aspekte verfestigte sich die Vorstellung der Überlegenheit einer autonomen internationalen Expertenregulierung, was durchaus im Trend florierender technokratischer Gestaltungskonzepte in der Politik lag (Etzemüller 2009).

3.4 Veränderte Ziele der Gestaltung im beginnenden Informationszeitalter (1960er/70er Jahre)

In den 1960er und 1970er Jahren änderten sich die Ziele und institutionellen Bedingungen des Gestaltens transnationaler Telekommunikationsnetze aufgrund politischer und technischer Entwicklungen:

(1) *Politische Entwicklungen:* In politischer Hinsicht veränderte die Dekolonisation die Mitgliederstruktur der ITU erheblich. Die große Zahl ehemaliger Kolonien, deren Telekommunikationsinfrastruktur unterentwickelt war, brachte neue Ziele in die Regulierungstätigkeit der ITU hinein. Neben die Entwicklung technischer Netze traten nun Ziele wie die faire Verteilung der verfügbaren Techniken, eine Reservierung von Frequenzen und Satellitenparkplätzen oder umfassende Entwicklungshilfeprogramme. Das Interesse der neuen Mitglieder bestand oftmals nicht in einer technischen Weiterentwicklung als vielmehr in der Errichtung einer telekommunikativen Grundstruktur mit einfacher aber günstiger Technik. Insbesondere im Funk, wo die Regulierung und Standardisierung eben auch die Verteilung einer knappen Ressource darstellte, wurden die Forderungen nach einer neuen Welt-Informations- und Kommunikationsordnung vorgebracht (Henrich-Franke 2014). Zwar konnten viele dieser Forderungen an die regelmäßig tagenden politischen Gremien der ITU, vor allem an die Regierungskonferenzen, verwiesen werden. Die Eingliederung in die UN-Familie als Sonderorganisation erlaubte gar eine Verschiebung derartiger Forde-

rungen an die Entwicklungshilfeprogramme der Vereinten Nationen. Nichtsdestotrotz sollten in der zweiten Hälfte der 1970er Jahre auch die Verwaltungskonferenzen, vor allem im Bereich des Funks, immer öfter zum Schauplatz verteilungspolitischer Auseinandersetzungen werden. Wenn etwa die Äquatorialstaaten den geostationären Satellitenorbit zu ihrem Hoheitsgebiet erklärten und die dortige Stationierung von Telekommunikationssatelliten regulieren wollten oder die nordafrikanischen Staaten europäische Rundfunkdienste abschalten wollten, um die freigewordenen Frequenzen für die (zukünftige) Entwicklung von Richtfunk-Telefonnetzen zu nutzen, dann war dies mit einer wissenschaftlich-technischen Rationalität ebenso wenig vereinbar, wie mit der Standardisierungskultur als Handlungsmaxime.

(2) *Technische Entwicklung:* Aufgrund der Zunahme technischer Innovationen in der zweiten Hälfte des 20. Jahrhunderts – Stichworte sind hier die Satellitentechnologien, die Digitalisierung der Telekommunikation und die Verschmelzung von drahtloser und drahtgebundener Kommunikation – nahm der Gestaltungsbedarf qualitativ wie quantitativ permanent zu (Kaiser 1998). Die CCIs setzten immer mehr Studiengruppen ein, die Verwaltungskonferenzen und die CCIs tagten immer öfter und die Zahl der Regulierungen und Standards nahm stetig zu. Alleine zwischen 1973 und 1981 verdoppelte sich die Zahl der durch die CCIs ausgesprochenen Empfehlungen technischer Art. Am Ende einer CCI-Vollversammlung in den späten 1970er Jahren umfasste der Katalog der Empfehlungen nicht weniger als 6.000 Seiten.

(3) *Wirtschaftliche Entwicklung:* Letztlich wandelte die Telekommunikation in den 1970er Jahren vor allem in den industrialisierten Staaten Westeuropas auch zunehmend ihre wirtschaftliche Bedeutung. Die nahezu flächendeckende Ausstattung der Bevölkerung mit Telefonen, Radios, Fernsehern u. ä. im Übergangsstadium zur Informationsgesellschaft ließ die geräteproduzierende Industrie zu einer zentralen Leitindustrie werden (Castells 2001). Damit wurde die Telekommunikation für die nationalen Monopolisten noch lukrativer.

Die Heterogenität der Akteure, die Diversität der Ziele und die hohe Zahl der komplexen Gestaltungsfragen überforderten zum einen die bestehenden institutionellen Strukturen und zum anderen standen sie der Standardisierungskultur als Handlungsmaxime diametral entgegen. Die wissenschaftlich-technischen Experten, aber auch die politischen Verantwortlichen in den großen Fernmeldeverwaltungen reagierten darauf, indem sie die CCIs immer stärker für die Regulierungsaufgaben der Verwaltungskonferenzen instrumentalisierten. Statt die wissenschaftlich-technische Expertise zur Analyse und Erklärung von

Gestaltungsanforderungen beratend einzubringen, wurde diese nun genutzt, um Lösungs- und Gestaltungsvorschläge zu entwickeln. Da die Entwicklungsländer aufgrund fehlender technischer Expertise (und personeller Ressourcen) in den CCIs nicht vertreten waren, bestand hier die Homogenität wissenschaftlich-technischer Ziele, Akteure und Rationalitäten fort (Jacobsen 1976). Durften laut ITU Convention die CCIs eigentlich nur Empfehlungen aussprechen, so verhandelten sie oftmals die Inhalte der Verwaltungskonferenzen detailliert vor. Das ›Special Preparatory Meeting‹ des CCIR im Jahr 1978 besprach viele Regulierungsaufgaben der Funkverwaltungskonferenz von 1979 so intensiv vor, dass die Delegierten der Konferenz die Dokumente des CCIR oftmals nur noch abnickten (Henrich-Franke 2014). Die Entwicklungsländer konnten sich hiergegen nur selten wehren, verfügten sie doch kaum über die wissenschaftlich-technische Expertise (und die personellen Ressourcen), um in den vielen Konferenzgremien die wissenschaftlich-technisch elaborierten Empfehlungspakete wieder aufzuschnüren. Die ITU verblieb so »*an old boys' club*« wissenschaftlich-technischer Experten mit geteilten Handlungsmaximen. Die Empfehlungen der CCIs erlangten ›de facto‹ den Charakter verbindlicher Regulierungen wie sie eigentlich den Verwaltungskonferenzen vorbehalten waren. Durch diese ›de facto‹ Verschmelzung der CCIs mit den Verwaltungskonferenzen in der Gestaltungspraxis stieg die Gestaltungsmacht der wissenschaftlich-technischen Experten in den 1980er Jahren enorm an. Zwischenstaatlich verbindliche Abkommen wurden in der Praxis durch wissenschaftlich-technische Experten determiniert, obwohl damit nur ein Teil der Ziele der beteiligten Akteure befriedigt wurde. Die Gestalter der industrialisierten Staaten legitimierten ihr Handeln mit dem Verweis auf die Sicherung wissenschaftlich-technisch rationaler Entscheidungen.

Legitimatorisch war dieser Funktionswandel der CCIs mehrfach problematisch. Es entstanden viele personelle Überlappungen, da in den Monopolverwaltungen fortan oftmals dieselben Akteure auf den Verwaltungskonferenzen (eigentliche Gestaltung) agierten wie in den CCIs. Sie nahmen also eine Doppelfunktion ein: die des zu Beratenden (Verwaltungskonferenzen) und die des Beraters (CCIs). Die ursprüngliche Idee einer Trennung technisch-wissenschaftlicher Expertise und politischer Souveränitätsausübung war nicht mehr gegeben und so vermischten sich in der Praxis des Gestaltens unterschiedliche Ziele, Legitimationen und damit letztlich Rationalitäten im Handeln. Dass die CCIs für eine direkt gestaltende Aufgabe kein Mandat besaßen – die wissenschaftlich-technischen Organisationen und die Industrievertreter waren numerisch gegenüber den Vertreter der Verwaltungen sogar in der Überzahl – wurde nicht als kritisch, sondern explizit als Rechtfertigung betrachtet.

Strukturell ähnliche Ausgrenzungstendenzen zeigten die CCIs gegenüber den neuen Akteuren im Telekommunikationssektor, die im Zuge der Digitalisierung aus dem Bereich der Computerentwicklung in die Standardisierung der Tele-kommunikation hereinkamen und eher technische Ziele anvisierten. Diese Akteure teilten eben nicht die tradierten Handlungsprinzipien, insbesondere die Interkonnektivitätskultur.

Alles in allem hatte sich die Gestaltung transnationaler Telekommunikati-onsnetze in den frühen 1980ern Jahren in eine Angelegenheit gewandelt, die keinem rein technischen Rationalitätskalkül folgte, sondern ebenso einer techno-politischen Logik der Sicherung von Macht und Einfluss. Da auch die politische Supervision innerhalb der ITU aufgrund der Pluralisierung der Ge-staltungsziele nur bedingt funktionieren konnte – immerhin waren auch viele Regierungen industrialisierter Staaten an einer Sicherung der nationalen Res-sourcen, Monopole und Kartellstrukturen interessiert –, fand eine kritische Evaluation und Bewertung des Gestaltungsprozesses und seiner Ergebnisse nur bedingt statt. Weder der Verwaltungsrat noch die Regierungskonferenzen konnten sich auf klare Zielformulierungen einigen, obgleich die UNESCO in einem viel rezitierten Bericht der MacBride-Kommission zur Analyse der glo-balen Kommunikationsprobleme explizit die Einbeziehung verteilungspoliti-scher Ziele in die Gestaltung transnationaler Telekommunikationsnetze forderte (UNESCO 1980). Wenngleich der politische Ruf nach einer neuen Weltinfor-mations- und Kommunikationsordnung lauthals geäußert wurde, prallte er an der ITU ab, die sich noch mehr auf wissenschaftlich-technische Rationalitäten und Ziele als Legitimation zurückzog. Insgesamt erwiesen sich die Akteure als unfähig die eigenen Aufgaben und Ziele voneinander zu trennen und dabei unterschiedliche Rationalitäten zu reflektieren (Schneider 2001). Eine neutrale Instanz, die im globalen Kontext hätte vermittelnd eingreifen können, gab es nicht.

3.5   Neoliberale Neujustierungen (1980er/90er Jahre)

In den 1980er Jahren veränderten sich die Rahmenbedingungen der Gestaltung von Telekommunikationsnetzen grundlegend. Technische, wirtschaftliche und wirtschaftspolitische Ursachen warfen die Frage auf, ob die ›Gestaltung der transnationalen Telekommunikationsnetze‹ und die nationalen Ordnungsprin-zipien nicht einer umfassenden Revision unterzogen werden müssten:

(1) Die Digitalisierung der Telekommunikation verwässerte die Trennung in drahtgebundene und drahtlose Telekommunikation immer mehr, so dass die CCIs zunehmend gezwungen waren, gemischte Arbeitsgruppen einzu-setzen. Neue Technik erforderte einfach neue institutionelle Lösungen für ihre Gestaltung. Durch die immer ausgeprägtere Verschmelzung der zuvor getrennten Technikentwicklungen von Telekommunikation, Funk und

Computertechnologie spielten neue Akteure und Institutionen – wie die
International Standard Organisation (ISO) oder das Europäische Komitee
für elektrotechnische Normung – für die Gestaltung der Telekommunikationsnetze eine Rolle, die nicht Teil des etablierten ITU-Systems waren
(Cowhey 1990). Ein Beispiel war die 1982 eingesetzte ›Joint Photographic
Expert Group‹, die den bis heute genutzten Kompressionsstandard JPEG
einführte.

(2) Wirtschaftlich geriet die europäische Industrie im globalen Wettbewerb
gegenüber der Konkurrenz aus den USA oder Japan immer mehr ins Hin-
tertreffen, was in mehrfacher Hinsicht die kartellartigen Monopolver-
flechtungen in Europa hinterfragte.

(3) Letztlich spielte der generelle wirtschaftspolitische Paradigmenwechsel hin
zum Neoliberalismus eine entscheidende Rolle. Wenn sich das Prinzip des
freien Markts flächendeckend durchsetzte, die Privatisierung der öffentlichen Hand vorgenommen wurde und (staatliche) Wirtschaftspolitik an
neuen Maßstäben wie der Wirtschaftlichkeit gemessen wurde, so konnten
diese Entwicklungen nicht an der Telekommunikation vorbeiziehen. Einerseits drängten die USA spätestens seit der Uruguay-Runde im Rahmen
des GATT (1986) auf eine Liberalisierung der europäischen Telekommunikationsmärkte. Andererseits forcierte die EG/EU mit der Vorlage des
Grünbuchs zur Entwicklung des gemeinsamen Telekommunikationsmarkts
im Jahr 1987 eine neoliberale Telekommunikationspolitik, die nationale
Kartelle entflechten und interoperable Netze herstellen sollte. Dabei kam ihr
zugute, dass die höhere Innovationsgeschwindigkeit der Technik die po-
tentiellen Amortisierungszeiträume dramatisch reduzierte, so dass die
hohen Kosten für Forschung und Investitionen immer schwerer über nationale Märkte reinzuholen waren (Werle 1990; Tegge 1994).

In ganz Europa entstand eine gemeinschaftliche Ordnung, in der Telekommunikation nicht mehr als staatliche Monopolverwaltung geführt, sondern auf
freien Märkten öffentliche, private und gemischte Unternehmen im Wettbewerb
standen. Die Regulierung der Netze übernahmen spezielle Agenturen, die nicht
selten an nationale Wirtschaftsministerien angegliedert waren. Mit der Liberalisierung der Märkte löste sich auch die kartellartige Verflechtung von Geräte
produzierenden Industrien, Dienstanbietern und Regulierungsorganen auf nationaler Ebene allmählich auf. Die nicht-gouvernementalen Strukturen wurden
ausgebaut und die Standardisierung auf wirtschaftlichen Märkten gestärkt.

Angestoßen durch die Veränderungen der Telekommunikationsmärkte rea-
gierte die ITU mit einer grundlegenden Strukturreform, die auf der Regierungskonferenz 1992 in Melbourne beschlossen wurde. Diese Strukturreform
kann als eine Rückkehr zum Gestaltungsmodell des Jahres 1947 unter den

Vorzeichen einer sich gewandelten Telekommunikationstechnik und einer veränderten globalen Ordnung charakterisiert werden. Die empfehlende Standardisierung durch wissenschaftlich-technische Experten und die eigentliche Regulierung durch politische Verantwortungsträger wurden wieder stärker getrennt sowie die unterschiedliche Legitimation durch wissenschaftlich-technische Expertise und die staatliche Souveränitätsaufgabeexplizit betont. Dies ergänzte sich freilich mit der Privatisierung der Monopolunternehmen und der Einsetzung staatlicher Regulierungsbehörden.

Ganz konkret wurden mehrere Maßnahmen getroffen.

(1) Erstens wurden die Ziele der Zusammenarbeit präziser formuliert und Aufgaben expliziter zugewiesen. Sollten die Verwaltungskonferenzen fortan auch die Wirtschaftlichkeit und den gerechten Zugang zu Telekommunikationstechniken als Leitlinie ihres Handelns beachten, so sollte die (empfehlende und beratende) Standardisierung sich weiterhin primär an wissenschaftlich-technischen Zielen orientieren. Für die verteilungs- und entwicklungspolitischen Anliegen der Entwicklungsländer, wurde ein eigener Bereich innerhalb der ITU geschaffen.

(2) Gezielt wurde das Modell der Teilhabegestaltung bei der Standardisierung beibehalten, dafür aber im Gegenzug weiterhin die rechtlich geringere Verbindlichkeit in der Form von Empfehlungen in Kauf genommen.

(3) Die CCIs wurden im Sektor für Standardisierung unter neuem Namen – ITU-T – vereinigt, aber in ihrer Arbeitsweise beibehalten. Um jedoch das Arbeitstempo zu beschleunigen und an das Innovationstempo anzupassen, ist sukzessive ein Verfahren etabliert worden, um Empfehlungen in Ausnahmefällen binnen fünf bis acht Wochen zu erarbeiten.

(4) Für den Bereich des Funks spielte aufgrund der technischen Eigenschaften von Frequenzen die Regulierung eine größere Rolle, so dass jenseits des Sektors für Standardisierung hier spezielle Studienkommissionen eingesetzt wurden, die verteilungspolitischen Aspekten wesentlich mehr Gewicht einräumen, aber ebenfalls nur beratende Funktion besitzen.

Alles in allem wurden die Überlappungen von Zielen, Legitimationen, Akteuren und Rationalitäten, wie sie die Gestaltung transnationaler Telekommunikationsnetze zu Beginn der 1980er Jahre geprägt hatten, entflochten und die Institutionen wieder klarer getrennt. Ganz entscheidend erwies sich die Tatsache, dass die ›Standardisierungskultur‹ als Handlungsmaxime der Netzgestalter modifiziert wurde, indem man die Interkonnektivitätskultur zerschlug und einzelne Akteure spezifische Aufgaben – ohne Doppelfunktion – wahrnehmen konnten und mussten.

4.   Fazit

Wenn Glenn Robinson im Jahr 1979 das Gestaltungsergebnis der Funkverwaltungskonferenz lobte, weil ein »*old boys' club*« wissenschaftlich-technischer
Experten es geschafft hatte, transnationale Telekommunikationsnetze im Sinne
der Ziele der Fernmeldeverwaltungen aus industrialisierten Staaten zu regulieren, dann lobte er die entsprechenden Akteure eigentlich dafür, dass sie einer
techno-politischen Rationalität gefolgt waren, die weder mit einer technisch-
effizienten Regulierung überein kam noch den pluralisierten Zielen bei der
Gestaltung transnationaler Telekommunikationsnetze gerecht wurde. Überdies
lobte er eine de facto Transformation des Gestaltungsprozesses, die nicht den
rechtlichen Grundsätzen des ITU-Gestaltungsregimes entsprach und in vielerlei
Hinsicht gegen die konstitutiven Elemente des Gestaltungsprozesses verstieß,
wie sie in den Verträgen der ITU bereits im 19. Jahrhundert fixiert worden
waren. Diese sahen die Trennung von politischer Verantwortung und Supervision sowie wissenschaftlich-technischer Studien- und Beratungstätigkeit vor.
Politisch legitimierte Verantwortungsträger sollten gestalten und wissenschaftlich-technische Experten (dabei) beraten. Mit der Gründung des CCIF im
Jahr 1925 war die wissenschaftlich-technische Studien- und Beratungstätigkeit
sogar inklusive umfassender Teilhabegestaltung, auch auf internationale Ebene
institutionalisiert und 1947 im Zuge der Eingliederung in die Familie der Vereinten Nationen nachdrücklich untermauert worden.

Dass es überhaupt zu einem Auseinanderdriften von Gestaltungsnorm und
Gestaltungspraxis gekommen war, hatte mehrere Ursachen:

(1) Mit der ›Standardisierungskultur‹ war eine informelle Handlungsnorm
     entstanden, die geholfen hatte, politische Spannungen des Kalten Krieges
     aus dem Gestaltungsprozess herauszuhalten und gleichzeitig die Interessen
     der Akteure zu befriedigen. Sie hatte so eine hohe Legitimität erobert, die
     dann aber einen ›Verkapselungsprozess‹ auslöste, innerhalb dessen die
     wissenschaftlich-technischen Experten ihre eigene techno-politische Ra-
     tionalität entwickelten. Tatsächliche und legitimatorische Rationalität
     klafften immer weiter auseinander. Ging es ursprünglich darum, die Tä-
     tigkeit des ›Beratens‹ von politischen Kalkülen zu befreien (Basis der Le-
     gitimation), so mehrten sich in der Praxis die nicht-technischen Kalküle
     (Standardisierungskultur) wie der Schutz von nationalen Märkten. Schlei-
     chend aber stetig entwickelten die Akteure der ITU, vor allem die CCIs, auf
     der Basis der ›Standardisierungskultur‹ (Handlungsmaxime) ihre eigene
     Rationalität des Gestaltens, die immer weniger mit einer Realisierung des
     technisch Möglichen und immer mehr der Sicherung von Macht und Ein-
     fluss auf wirtschaftlich bedeutsamen Telekommunikationsmärkten korre-
     spondierte.

(2) Die politische Supervision, d. h. die Evaluation und Bewertung des Gestaltungsprozesses versagte, weil keine neutrale Instanz vorhanden war, die die Ziele miteinander verbinden konnte, um eine neue Leitlinie für das Handeln der wissenschaftlich-technischen Experten vorzugeben. Das Gestaltungsregime der ITU war kaum noch in der Lage, den Gestaltungsprozess objektiv zu evaluieren und zu reformieren, was auch an den vielfältigen Überlappungen lag. Die Akteure schafften es nicht, ihr eigenes Handeln wissenschaftlich oder auch politisch rational zu reflektieren und zu bewerten. Im Gegenteil, ihr Festklammern an der etablierten Handlungsmaxime (Standardisierungskultur) versperrte den Blick dafür, dass sie einer techno-politischen Rationalität folgten, die wirtschaftlich, politisch und technisch immer ineffektiver wurde.

(3) Es erwies sich unter den Monopolbedingungen und den kartellartigen Verflechtungen als immer schwieriger, die Teilhabegestaltung auf eine beratende Funktion zu reduzieren, insbesondere weil die Interessen der beratenden Industrie und der politischen Verantwortungsträger zu kongruent waren. Die europäischen Regierungen hinderten die Experten an ihrem Vorgehen nicht, profitierte doch die nationale Geräteindustrie erheblich. Dass insbesondere in Europa die Praxis des Gestaltens transnationaler Telekommunikationsnetze spätestens in den frühen 1980er Jahren genau das Gegenteil bewirkte und die Telekommunikation unter fehlenden Skalenerträgern und gebremstem technischen Fortschritt litt, erkannten die vom Monopol verwöhnten Akteure zu spät.

Damit die ITU im Jahr 1992 wieder zu ihrem ursprünglichen Modell regulierend gestaltender politischer Verantwortungsträger und beratender wissenschaftlich-technischer Experten zurückkehren konnte, bedurfte es aber eines Anstoßes von außen durch die Europäische Kommission und die USA sowie eines veränderten Zeitgeists neoliberaler Gestaltungsmaximen.

Literatur

Ahr, Berenice (2013): Integration von Infrastrukturen in Europa: Telekommunikation. Baden-Baden.

Ambrosius, Gerold/Henrich-Franke, Christian (2015): Integration of Infrastructures in Europe in Comparison. Berlin.

Balbi, Gabriele (2015): The International Bureau. In: Fari, Simone/Balbi Gabriele/Richeri, Guiseppe (Hrsg.), The formative years of the Telegraph Union. Newcastle-Upon-Tyne, S. 59–79.

Castells, Manuel (2001): Die Netzwerkgesellschaft: Das Informationszeitalter. Band 1. Opladen.

Chapuis, Robert (1976): The CCIF and the development of international telephony (1923–1956). In: Telecommunication Journal 3, S. 184–197.

Codding, George (1952): The International Telecommunication Union. An experiment in international cooperation. Leiden.

Cowhey, Peter (1990): The international telecommunications regime: The political roots of regimes for high technology. In: International Organization 1, S. 169–199.

Etzemüller, Thomas (Hrsg.) (2009): Die Ordnung der Moderne. Social Engineering im 20. Jahrhundert. Bielefeld.

Fari, Simone/Balbi Gabriele/Richeri, Guiseppe (2013): The Bureaucratisation of the Telegraph Union. In: Storia Economica 2, S. 377–394.

Friedewald, Michael (2000): Vom Experimentierfeld zum Massenmedium: Gestaltende Kräfte in der Entwicklung des Internet. In: Technikgeschichte 4, S. 331–362.

Fuchs, Margot (1998): Anfänge der drahtlosen Telegraphie im Deutschen Reich 1897–1918. In: Teuteberg, Hans-Jürgen/Neutsch, Cornelius (Hrsg.), Vom Flügeltelegraphen zum Internet, Geschichte der modernen Telekommunikation. Stuttgart, S. 113–131.

Henrich-Franke, Christian (2006): Organisationskultur und Vertrauen in den internationalen Beziehungen: Anknüpfungspunkt für einen interdisziplinären Dialog? In: Geschichte und Gesellschaft 3, S. 344–363.

Henrich-Franke, Christian (2014): Cross-Curtain radio cooperation in face of the new role of the global south. In: Journal of Cold War Studies 4, S. 110–132.

Jacobson, Harold (1973): ITU: A Potpourri of Bureaucrates and Industrialists. In: Cox, Robert (Hrsg.), The Anatomy of Influence. London, S. 59–101.

Kaiser, Walter (1998): Die Weiterentwicklung der Telekommunikation seit 1950. In: Teuteberg, Hans-Jürgen/Neutsch, Cornelius (Hrsg.), Vom Flügeltelegraphen zum Internet. Geschichte der modernen Telekommunikation. 1998, S. 205–226.

Kammer, Patrick (2010): Off the Leash. The European Mobile Phone Standard (GSM) as a Transnational Telecommunications Infrastructure. In: Badenoch, Alec/Fickers, Andreas (Hrsg.), Materializing Europe. Transnational Infrastructures and the Project of Europe. Houndmills, S. 202–222.

Laborie, Leonard (2006): A missing link? Telecommunications Networks and European Integration 1945–1970. In: van der Vleuten, Erik/Kaijser, Arne (Hrsg.), Networking Europe: Transnational Infrastructures and the Shaping of Europe, 1850–2000. Sagamore Beach, S. 187–216.

Laborie, Léonard (2010): L'Europe mise en réseaux. La France et la coopération internationale dans les postes et les télécommunications (années 1850-années 1950). Brüssel.

Laborie, Leonard (2011): Fragile Links. Frozen Identities. The governance of telecommunication networks in Europe (1944–1953). In: History and Technology 2, S. 353–372.

Neutsch, Cornelius (2010): Der Luftpostdienst der Deutschen Bundespost unter dem Einfluss zunehmender Integrationsbemühungen nach dem Zweiten Weltkrieg. In: Ambrosius, Gerold/Henrich-Franke, Christian/Neutsch, Cornelius (Hrsg.), Internationale Politik und Integration europäischer Infrastrukturen in Geschichte und Gegenwart. Baden-Baden, S. 143–164.

Noam, Eli (1992): Telecommunications in Europe. Oxford.

Reinalda, Bob (2009): Routledge History of International Organizations. From 1815 to the Present Day. Abingdon.

Reindl, Josef (1993): Der Deutsch-Österreichische Telegraphenverein und die Entwicklung des deutschen Telegraphenwesens 1850–1871. Frankfurt am Main.

Robinson, Glenn (1980): Regulating International Airwaves: The 1979 WARC. In: Virginia Journal of International Law 1, S. 1–51.

Schneider, Volker (2001): Die Transformation der Telekommunikation: Vom Staatsmonopol zum globalen Markt (1800–2000). Frankfurt.

Tegge, Andreas (1994): Die Internationale Telekommunikations Union – Organisation und Funktion einer Weltorganisation im Wandel. Baden-Baden.

UNESCO (1980): Many Voices One World. London.

van Laak, Dirk (2004): Technological Infrastructure. Concepts and Consequences. In: ICON. Journal of the International Committee for the History of Technology 10, S. 53–64.

van Laer, Arte (2006): Liberalization or Europeanization? The EEC Commission's Policy on Public Procurement in Information Technology and Telecommunications (1957–1984). In: Journal of European Integration History 2, S. 107–131.

Werle, Raymund (1990): Telekommunikation in Europa: Expansion, Differenzierung, Transformation. Frankfurt.

Wobring, Michael (2007): Die Integration der europäischen Telegraphie in der zweiten Hälfte des 19. Jahrhunderts. In: Henrich-Franke, Christian/Neutsch, Cornelius/Thiemeyer, Guido (Hrsg.), Internationalismus und Europäische Integration im Vergleich. Fallstudien zu Währungen, Landwirtschaft, Verkehrs- und Nachrichtenwesen. Baden-Baden, S. 83–112.

Björn Niehaves & Oliver Heger

Verantwortungsvoll gestalten

Welche gesellschaftlichen Folgen hat Gestaltung? Wie können ethische, soziale und andere nicht-technische Aspekte in Innovationsprojekten gestaltungs-wirksam werden? Welche praktikablen Methoden bieten sich dazu an und welchen Beitrag kann das neu gegründete »Center for Responsible Innovation & Design (CRID)« der Universität Siegen hier leisten?

Warum verantwortungsvoll gestalten?

Ihr Vorname und die Postleitzahl. Das reicht. Sie bekommen den Kredit oder eben auch nicht. Das System weiß (fast) nichts über Sie. Es kennt nicht Ihren Kontostand, nicht Ihre Lebenssituation, nicht Ihre Karrierestufe in der Firma. Nur Ihren Vornamen und die Postleitzahl Ihres Wohnsitzes. »Big Data« heißt das Zauberwort, Technologie, die auf Basis großer Datenmengen Berechnungen anstellt, eben auch dazu, ob Sie kreditwürdig sind oder nicht. Aber es geht auch menschlicher. Über die Freundschaften, die Sie in sozialen Netzwerken wie Facebook oder Google+ pflegen, kann über »Social Scoring« ebenfalls Ihre Bonität errechnet werden. Sag mir, mit wem Du befreundet bist, und ich sag Dir, wer Du bist. Also Achtung, wenn Sie das nächste Mal unbedarft eine Freund-schaftsanfrage bestätigen, das macht beim nächsten Hauskauf schnell einen Unterschied von vier Zimmern aus. Falls die Kredithöhe dennoch gereicht hat, sich auch mit einem Hightech-Kühlschrank einzurichten, können Sie die Vor-teile der digitalen Durchdringung unseres Alltags in vollen Zügen genießen. Der smarte und mit dem Internet verbundene Kühlschrank hilft Ihnen nicht nur dabei, auf die Verfallsdaten Ihrer Lebensmittel zu achten und frische Milch nachzubestellen, falls sich der Vorrat mal dem Ende entgegenneigt. Der smarte Kühlschrank hilft Ihnen aber auch, gesund und alt zu werden … und natürlich unser Gesundheitssystem und Ihre Krankenversicherung nicht über Gebühr zu belasten. Nächtliche Heißhungerattacken, zum Beispiel auf kalte Pizza, gehören, Technik sei Dank, nun der Vergangenheit an, denn der Kühlschrank öffnet sich ab 00:00 Uhr einfach nicht mehr, zum Wohle Ihrer Gesundheit. Die Deluxe-Kühlschrankvariante kann sogar mit spezieller Sensorik Ihre Emotionen erkennen und deuten, eine Spielart des immer mehr verbreiteten »Affective Computing«. Schon nach wenigen Minuten des erregten Fluchens und bitterlichen Flehens heißt es: »Natürlich können Sie die Kühlschranktür öffnen …« Der Kühlschrank sieht, in Form von Nullen und Einsen, die Verzweiflung in Ihrem Gesichtsausdruck einem Anflug von Freude weichen. »… Es wird hierfür ein Aufschlag bei Ihrer Krankenversicherung in Höhe von einmalig 17,90 € fällig.« Ein Segen sind die integrierten Produkt-Service-Systeme, denn Sie müssen heutzutage hierfür nicht mal mehr wie früher ein Formular ausfüllen – was waren das bloß für dunkle Zeiten damals?

Aber wer macht denn sowas? Wer baut solche (!) Systeme? Wir … wenn wir nicht aufpassen. Nur in den seltensten Fällen wollen Designer Produkte und Dienstleistungen entwickeln, die Menschen bevormunden, in die Verzweiflung treiben, über einen Kamm scheren und über den Tisch ziehen. Im Gegenteil! Wir wollen Dinge einfach und bequem machen, Nutzungsfreude und Spaß erzeugen, Produktivität steigern und Verschwendung vermeiden, kurz, die Welt ein Stückchen besser machen. Wir, das sind die gestaltungsorientiert arbeitenden Disziplinen. Zu denen gehört auch die Wirtschaftsinformatik. Wir, das sind unsere (ehemaligen) Studierenden, die in Unternehmen digitale Technologien mitgestalten und zur Anwendung bringen. Wir, das sind Konsortien aus Wissenschaft und Praxis, die in groß angelegten Projekten unter anderem an Produkt-Service-Systemen, emotionssensitiven Computersystemen, sozialen Netzwerken und der Auswertung großer Datenmengen forschen. Aber dennoch, die oben genannten Beispiele, die teilweise heute schon im Einsatz sind, und tausend andere sind nicht von der Hand zu weisen.

Während unternehmerische Gestaltungsfreiheit oft als »durch den Markt begrenzt« angenommen wird (»Selbst schuld, wer so einen Kühlschrank kauft!« … Ist das so?), verhält es sich mit technischen Entwicklungen in vornehmlich durch Steuergelder bezahlten Forschungsprojekten etwas anders. Viele Förderinstitutionen stellen sich (früher schon und heute noch mehr) die Frage, wie Technologien in Forschungsprojekten so gestaltet werden können, dass sie eben nicht am Ende durch die Nutzerinnen und Nutzer abgelehnt werden, aufgrund rechtlicher Probleme das Labor nicht verlassen dürfen und in der Schublade verstauben oder aufgrund unvorhergesehener Folgen für negative Schlagzeilen oder gar Katastrophen verantwortlich sind (»Ethics by desaster, anyone?«). Die EU zum Beispiel treibt unter dem Begriff »Responsible Research and Innovation (RRI)« die begleitende Bearbeitung nicht-technischer Fragestellungen in technischen Entwicklungsprojekten voran und investiert im Kontext der Förderinitiative »Horizon 2020« mehrere hundert Millionen Euro in dieses Unterfangen. Auch das deutsche Bundesministerium für Bildung und Forschung (BMBF) verlangt von öffentlich geförderten Projekten die fundierte und ausführliche Untersuchung ethischer, legaler und sozialer Implikationen (ELSI) der zu entwickelnden Technologie. Eine solche Zielsetzung unterscheidet sich sehr deutlich von klassischer Forschungsethik, die sich typischerweise mit dem Forschungsprozess selbst befasst (beispielsweise Umgang mit und Schutz von Probanden, Verwendung personenbezogener Experimentdaten und Einverständniserklärungen). Vielmehr geht es heute (zusätzlich) um die Folgen der entwickelten Technologien für unsere Gesellschaft und unser Leben, nachdem sie das Forschungslabor in Richtung freie Wildbahn verlassen haben.

Aber wie soll das funktionieren, ganz praktisch? Am Ende des Tages müssen wir gestaltungsorientiert arbeitenden Wissenschaftler Dinge (etwas feiner: Artefakte) entwickeln und dafür Rechenschaft ablegen. Klassisch und am Beispiel von Informationstechnologie: Bildet das System alle Funktionen ab, läuft das schnell genug, ist das einfach und bequem zu nutzen? Ethische, rechtliche und soziale Aspekte kommen dann oft einfach hinzu und vermehren die Arbeit, die in einem Projekt zu leisten ist. Einerseits wollen wir ja »gute« Technologie gestalten, andererseits stellt sich jedoch auch die Frage der ganz praktischen Machbarkeit. Hier ist es wichtig, dass die Methoden zur verantwortungsvollen Gestaltung praktisch einsetzbar sind und den Aufwand nicht ins Unermessliche steigen lassen. Darüber hinaus wäre es wünschenswert, wenn solche Methoden vielleicht sogar noch einen inhaltlichen Mehrwert bringen und zum Beispiel die Theorieentwicklung befruchten können. Hier wurden in den letzten Jahren jenseits der klassischen Technikfolgenabschätzung, unter anderem durch konzeptionelle und praktische Arbeiten zu »Responsible Innovation«, wichtige Fortschritte erzielt.

Responsible Innovation

Ziel von »Responsible Innovation« ist die ethische Akzeptabilität (»acceptability«), Nachhaltigkeit (»sustainability«) und gesellschaftliche Erwünschtheit (»desirability«) von Forschung und Innovation (Schomberg 2013). Hier kommen zwei in Wechselbeziehung stehende Perspektiven zum Tragen, die es beide im Zuge gestaltungsorientierter Forschung und Innovation zu adressieren gilt: 1) *Der Gestaltungsprozess*, bei dem die unterschiedlichen Meinungen und Interessen diverser Stakeholder berücksichtigt werden oder eben unberücksichtigt bleiben, sowie 2) *das Produkt*, dessen Gestaltung bestimmte Zwecke verfolgt (z. B. Erhöhung der Effizienz oder Verbesserung des Gesundheitsschutzes) und das bestimmte Eigenschaften aufweist (z. B. hohe Benutzerfreundlichkeit oder hohe Datensicherheit). Responsible Innovation schafft ein umfassendes Rahmenwerk, das bei den Gestaltern ein Bewusstsein für ethische und gesellschaftliche Aspekte schaffen und die Bearbeitung eben dieser Aspekte gestaltungswirksam integrieren soll.

Traditionell beginnen gestaltungsorientierte Forschungs- und Innovationsprozesse mit der Entwicklung eines Artefakts, an die sich seine Evaluation anschließt. Ein solches Vorgehen birgt jedoch die große Gefahr einer kategorischen Ablehnung der entwickelten Lösung durch die potenziell Betroffenen. Ganz praktisch lässt sich dies am Beispiel des elektronischen Personalausweises in Deutschland aufzeigen, der sich bisher aufgrund mangelnder staatlicher und privatwirtschaftlicher Angebote nicht breitflächig durchsetzen konnte (eGovernment Monitor 2015). Ist ein Produkt erst einmal erstellt, ist der Aufwand für nachträgliche Änderungen häufig zu hoch. Zu vielschichtig und zu komplex ist hier die Bearbeitung der ethischen und sozialen Fragestellungen (z. B. Fragen zum Datenschutz oder zur Freiwilligkeit der Nutzung), um sie allein den Entwicklern zu überlassen. Responsible Innovation ruft daher dazu auf, die traditionelle Sequenzialität gestaltungsorientierter Forschung- und Innovationsprozesse (= erst gestalten, dann evaluieren) aufzuheben und durch eine systematische Parallelisierung dieser Aktivitäten zu ersetzen (Owen et al. 2013). Alle relevanten Stakeholder (z. B. unterschiedliche Nutzergruppen) sollen frühzeitig identifiziert und dann über den gesamten Gestaltungsprozess wirksam eingebunden werden. Ein guter Forschungs- und Innovationsprozess im Sinne von Responsible Innovation weist dabei vier Eigenschaften auf (Owen et al. 2013), er ist:

1) *antizipativ.* Die gewollten und potenziell ungewollten Folgen der Innovation werden im Voraus, soweit möglich, beschrieben und analysiert. Hier sollen ethische Probleme frühzeitig identifiziert werden, die andernfalls unbemerkt geblieben wären.

2) *reflexiv.* Der Gestaltungsprozess wird kontinuierlich und umfassend auf ethische Aspekte, wie Folgen, Risiken, Unsicherheiten, getroffene Annahmen und entstandene Probleme untersucht. Dabei werden die Zwischenergebnisse des Prozesses in Bezug auf ihre ethischen Implikationen rückblickend analysiert.

3) *deliberativ.* Ein breites Spektrum an Perspektiven unterschiedlicher Stakeholder in Bezug auf Visionen, Zwecke, Fragen und Probleme des Produktes werden durch Dialog, Engagement, Diskussionen und Zuhören einbezogen, um unterschiedliche Interessen zu berücksichtigen.

4) *responsiv.* Ethische Problemstellungen werden nicht nur betrachtet und diskutiert, sondern führen zu tatsächlichen Veränderungen im Gestaltungsprozess und des Produktes. Die Gestalter sind dabei angehalten, ihre Design-Entscheidungen gegenüber den unterschiedlichen Stakeholdern vor dem Hintergrund der ethischen Problemstellungen und des Inputs aus den antizipativen, reflexiven und deliberativen Aktivitäten zu rechtfertigen.

Responsible Innovation beansprucht dabei, ein Disziplinen übergreifendes Rahmenwerk für gestaltungsorientierte Forschung und Innovation zu bieten, wie ein Blick in das entsprechende Standardwerk »Responsible Innovation« (2013) zeigt. Anwendungsbeispiele stammen aus den Bereichen der Finanzbranche (Muniesa/Lenglet 2013), der Informations- und Kommunikationstechnologien (Stahl et al. 2013), des Geo-Engineering (Parkhill et al. 2013) oder der Nano-Technologien (Simakova/Coenen 2013). Ein Nachteil dieses Anspruchs ist jedoch der Mangel einer spezifischen, praktikablen Methode, um Responsible Innovation in der Praxis ganzheitlich umzusetzen. Für den Bereich der Technologiegestaltung kann die Methode des »Value Sensitive Design« einen entsprechenden Ansatz liefern.

Value Sensitive Design

»Value Sensitive Design« (VSD) ist ein wissenschaftlich fundierter Ansatz, der das Ziel einer Integration ethischer und gesellschaftlicher Aspekte in die Technologiegestaltung verfolgt. Die Besonderheit dieses Ansatzes liegt darin, den gesamten Gestaltungsprozess systematisch und umfassend an »menschlichen Werten« zu orientieren (Friedman 2008). Als »Wert« kann in diesem Zusammenhang alles bezeichnet werden, das einer Person oder einer Personengruppe als wichtig und erstrebenswert erscheint (Friedman 2008). Werte können so eine eher abstrakte Gestalt annehmen, wie zum Beispiel gute Gesundheit, oder sehr konkreten Wünschen entsprechen, wie zum Beispiel der allmorgendliche Kaffee. Nehmen wir den smarten Kühlschrank als Beispiel. Sehr wahrscheinlich würde eine Befragung unter potenziellen Nutzern eines solchen Kühlschranks ergeben, dass sowohl die Gesundheitsförderung als auch die Beibehaltung der Nutzerautonomie als erstrebenswert angesehen werden. Als Folge könnte ein an diesen beiden Werten orientierteres Design des Kühlschranks zu einer Kompromisslösung führen, die beispielsweise durch die Ausgabe von gesundheitsrelevanten Empfehlungen die Gesundheit seiner Nutzer auf der einen Seite zu fördern versucht, ohne auf der anderen Seite ihre Autonomie zu beschränken. Der Wert der Nutzerautonomie dient in diesem Beispiel als Korrektiv im Technologieentwicklungsprozess, um potenziell negative Folgen und fehlende Akzeptanz zu verhindern. VSD geht dabei dreigeteilt vor (Friedman 2008):

1) *konzeptionell.* Die Anwendung von VSD beginnt mit konzeptionellen Untersuchungen, die auf eine bestimmte Technologie und ihren Kontext zugeschnitten sind. Hier werden z. B. die Fragen beantwortet, welche Stakeholder zu involvieren sind, welche Werte relevant sind und wie mit konfligierenden Werten (z. B. Gesundheitsförderung vs. Nutzerautonomie) umzugehen ist. Gegenstand ist hier auch die Analyse und (Re-)Definition der

betrachteten Werte in theoretischer Hinsicht, im Fall des smarten Kühl-schranks zum Beispiel der Autonomie (Unterscheidung persönlicher von moralischer und politischer Autonomie, Abgrenzung zu Begriffen der Frei-heit oder Authentizität etc.).

2) *empirisch.* Mittels vor allem qualitativer und quantitativer Methoden werden die konzeptionellen und technischen Überlegungen empirisch untermauert, korrigiert und erweitert. Typisch sind hier die Fragen, welche Werte von unterschiedlichen Stakeholder-Gruppen als besonders wichtig angesehen werden. Auch kann zum Beispiel (experimentell) empirisch untersucht werden, welche Gestaltungsalternativen (»Design Choices«) den größten Beitrag zur Realisierung bestimmter Werte liefern.

3) *technisch.* Im technischen Teil der VSD-Methode werden Werte mit tech-nologischen Aspekten verknüpft. Entscheidend sind hier die Fragestellun-gen, wie sich bestimmte Eigenschaften einer Technologie auf bestimmte Werte auswirken (z. B. könnte sich ein temporär nicht zu öffnender Kühl-schrank negativ auf die wahrgenommene Nutzerautonomie auswirken) und wie eine technische Lösung aussehen könnte, die bestimmte Werte aktiv adressiert (z. B. könnten sich Ausgaben von gesundheitsrelevanten Emp-fehlungen positiv auf gesünderes Ernährungsverhalten auswirken).

Der Gestaltungsprozess einer Technologie besteht bei konsequenter Anwendung von VSD daraus, alle drei Bestandteile integrativ zu bearbeiten (z. B. beein-flussen der konzeptionelle und technische Teil den empirischen Teil und um-gekehrt) und dabei iterativ zu durchlaufen. VSD stellt somit eine Möglichkeit dar, eine im Sinne von Responsible Innovation »gute« technologische Innova-tion auf eine »gute« Art und Weise herzustellen, da dieser Ansatz die vier Di-mensionen *Antizipation, Reflexion, Deliberation* und *Responsivität* kontinuier-lich und gestaltungswirksam adressiert.

Dennoch ist VSD kein unumstrittener Ansatz. Vor allem drei Kritikpunkte werden angeführt (Flanagan 2008): Erstens seien Technologien »werteneutral«, d. h. dass Werte nicht durch Eigenschaften einer Technologie verkörpert werden können, sondern Moral nur dem Menschen innewohnt. Zweitens werde die Bedeutung und Interpretation einer Technologie wesentlich durch politische, historische, kulturelle und soziale Gegebenheiten bestimmt und nicht durch die Technologie selbst. Drittens sei es während des Entwicklungsprozesses prak-tisch nicht umsetzbar, alle ethischen und gesellschaftlichen Konsequenzen einer Technologie vorauszusehen. Folglich können nicht die Gestalter einer Techno-logie die Verantwortung für deren Auswirkungen tragen.

Um der Kritik am VSD zu begegnen, sollte Klarheit darüber herrschen, welchen Annahmen dieser Ansatz zugrunde liegt. Laut van den Hoven (2013) weisen VSD und ihm verwandte werteorientierte Ansätze drei gemeinsame

Merkmale auf. Erstens können Werte durch Technologien verkörpert und in Technologien eingebettet werden. Die Werte in Technologien kommen vor allem dadurch zum Ausdruck, dass sie ihren Nutzern sowohl neue Handlungsoptionen anbieten als auch -beschränkungen schaffen. Beispielsweise bietet der smarte Kühlschrank seinem Nutzer automatisierte Bestellvorgänge an und beschränkt aus Gründen der Gesundheitsförderung seine Autonomie. Zweitens ist das bewusste und explizite Nachdenken über die Werte, die einer Technologie zugrunde liegen, bedeutsam. Da Technologien unseren Alltag und unsere Gesellschaft formen, ist es von großer Relevanz, darüber nachzudenken, was wir uns selbst mit ihnen antun. Drittens sollten nicht-technische Überlegungen frühzeitig im Gestaltungsprozess artikuliert werden, wenn das Nachdenken über Werte noch einen wirksamen Einfluss auf die Gestaltung einer Technologie hat.

Anwendungsbeispiel: Forschungsprojekt INEMAS

Die praktische Umsetzung von Responsible Innovation und Value Sensitive Design möchten wir anhand des in 2015 gestarteten Forschungsprojektes INEMAS veranschaulichen. Gemeinsam mit insgesamt fünf Partnern wird in diesem Projekt an zukünftigen Generationen von Fahrerassistenzsystemen geforscht. Im Fokus des zu entwickelnden Fahrerassistenzsystems steht eine bestimmte Systemeigenschaft, die eine Reihe ethischer Fragen aufwirft: die *Emotionssensitivität*. Darunter versteht man die Fähigkeit einer Technologie, den emotionalen Zustand ihres Nutzers zu verstehen und zu verarbeiten. Je präziser ein Fahrerassistenzsystem den emotionalen Zustand des Fahrers kennt, desto genauer kann es Rückschlüsse auf seine Reaktionsfähigkeit ziehen und passender reagieren. Ist beispielsweise der Fahrer nach der Arbeit stark verärgert und unkonzentriert, erkennt das System die Situation und bietet passende Unterstützung. Was auf der einen Seite die Verkehrssicherheit steigern könnte und daher als erstrebenswert erscheint, könnte auf der anderen Seite ethisch problematisch sein. Was geschieht beispielsweise mit den Daten nach einem Unfall? Sollen sie von der Polizei zur Unfallaufklärung genutzt werden oder ist die Privatsphäre des Fahrers wichtiger? Sollen KFZ-Versicherungen die Daten zur Berechnung ihrer Prämien nutzen können? Soll ein Auto einem Fahrer Fahrverbot erteilen können? Oder noch grundsätzlicher: Möchte ein Mensch überhaupt so gläsern sein? Dies ist nur ein Ausschnitt vieler ethischer Fragestellungen, die sich durch eine bestimmte, neuartige Systemeigenschaft ergeben.

Um das Projekt INEMAS im Sinne des Responsible Innovation-Ansatzes durchzuführen, nutzen wir die Methode des Value Sensitive Design. Die Grundlage dafür bilden eine Wertedeklaration, eine Akzeptanzstudie, ein Expertenbeirat und eine »Social Media«-Strategie:

1) *Wertedeklaration:* Gleich zu Projektbeginn wurde eine sogenannte Werte-deklaration – zunächst konzeptionell – erarbeitet. Darunter verstehen wir eine umfängliche Liste von Werten, an denen sich die Gestaltung von emo-tionssensitiven Fahrerassistenzsystemen orientieren sollte. In der Definition eines Wertes wurde dieser mit der spezifischen Technologie – in diesem Fall einem emotionssensitiven Fahrerassistenzsystem – verknüpft (z. B. »Ver-kehrssicherheit: Ein emotionssensitives Fahrerassistenzsystem soll zur Verbesserung der Verkehrssicherheit, der Sicherheit des Nutzers, seiner Mitfahrer und anderer Verkehrsteilnehmer beitragen«). Auf Basis einer umfassenden Literaturanalyse im Bereich von Fahrerassistenzsystemen und emotionssensitiven Technologien wurden zunächst insgesamt 21 Werte identifiziert, die im Anschluss durch einen Ethik-Workshop mit allen Pro-jektpartnern weiter empirisch untersucht wurden. Mit jeweils einstimmigem Beschluss wurde neun dieser Werte zugestimmt, weitere neun wurden nach einer Anpassung ihrer Definition und zwei neue Werte hinzugefügt. Bei drei Werten jedoch konnte keine Einigung erzielt werden. Für diese wird daher in einem zusätzlichen Schritt nach Kompromisslösungen gesucht, um als Er-gebnis eine vollständige und durch alle Projektpartner akzeptierte, pro-jektspezifische Wertedeklaration zu erhalten. Durch die Durchführung re-gelmäßiger Ethik-Workshops im Projekt wird kontinuierlich die Einhaltung der Deklaration überprüft und sichergestellt.

2) *Akzeptanzstudie:* Auf Basis einer qualitativen Vorbefragung mit unter-schiedlichen Stakeholder-Gruppen wird eine quantitative Studie durchge-führt. Ziel dieses Vorgehens ist es, zentrale Werte empirisch zu identifizieren und in Bezug zur Akzeptanz eines emotionssensitiven Fahrerassistenzsys-tems zu setzen. Beispielsweise konnte in Interviews (qualitativ) herausge-funden werden, ob eine mangelhafte Transparenz eines solchen Systems das Verständnis über seine Funktionsweise zusätzlich erschweren und sich ne-gativ auf die Akzeptanz auswirken könnte. In der quantitativen Studie soll anschließend auf breiterer Basis der Zusammenhang zwischen dem Wert der *Systemtransparenz* und der Akzeptanz eines emotionssensitiven Systems untersucht werden. Die Akzeptanzstudie ermöglicht uns Forschern zum Zwecke der Theoriebildung, auch generelle Zusammenhänge zwischen be-stimmten Werten und der Technologieakzeptanz festzustellen und auf an-dere Anwendungsfelder zu übertragen.

3) *Expertenbeirat:* Um die unterschiedlichen Stakeholder-Gruppen in das Projekt einzubinden, wird ein das Projekt begleitender Beirat aus Experten gegründet. Da hier möglichst alle relevanten Gruppen vertreten sein sollen, wird im ersten Schritt analysiert, welche Gruppen durch die Entwicklung eines Fahrerassistenzsystems betroffen sein könnten. Darunter zählen neben den Fahrzeugherstellern und Fahrern beispielsweise auch politische Ent-

scheidungsträger, Automobilclubs, Polizei, TÜV oder Datenschützer. Die Mitglieder des Beirats sollen in regelmäßigen Treffen jeweils ihre Positionen und die Interessen ihrer zu vertretenden Gruppe am Projekt artikulieren und die Projektergebnisse bewerten. So wird nicht nur gewährleistet, dass INEMAS die Interessen unterschiedlicher Stakeholder-Gruppen berücksichtigt, sondern auch, dass INEMAS auf Expertenwissen grundsätzlich zurückgreifen kann.

4) *»Social Media«-Strategie:* Zur Involvierung der breiten Öffentlichkeit, die aus direkten (z. B. Autofahrer) und indirekten Stakeholdern (z. B. Fußgänger oder Fahrradfahrer) zusammengesetzt ist, wird eine »Social Media«-Strategie entwickelt. Durch kurze, informative und zur Diskussion anregende Beiträge auf Plattformen wie Twitter oder Facebook sollen systematisch am Projekt Interessierte einbezogen werden. Die öffentliche Meinung soll so ebenfalls in die Ethik-Workshops einfließen und darüber den Technologieentwicklungsprozess wirksam beeinflussen.

Während die Wertedeklaration und die Akzeptanzstudie – entstanden durch ein integriertes konzeptionelles und empirisches Vorgehen – dafür sorgen, dass sich der Gestaltungsprozess des emotionssensitiven Fahrerassistenzsystems an zentralen Werten orientiert, sorgen der Expertenbeirat und die »Social Media«-Strategie für die Involvierung diverser Experten- und Stakeholder-Gruppen in den Technologieentwicklungsprozess. Durch dieses Vorgehen werden die beiden wesentlichen Forderungen des Value Sensitive Design – Werteorientierung und Stakeholder-Involvierung – erfüllt. Die Projekterfahrungen sollen mittel- und langfristig dafür genutzt werden, den VSD-Ansatz weiterzuentwickeln und Responsible Innovation methodisch zu schärfen.

Das »Center for Responsible Innovation & Design (CRID)« an der Universität Siegen

Die methodischen Herausforderungen, die beispielhaft am Projekt INEMAS gezeigt wurden, stellen sich in einer Vielzahl von Projekten, zwar nicht identisch, aber doch mit wesentlichen Ähnlichkeiten. Um hier gemeinsam mehr zu erreichen, wurde das »Center for Responsible Innovation & Design« (CRID) durch das Forschungskolleg Siegen und den Lehrstuhl für Wirtschaftsinformatik im Dezember 2014 ins Leben gerufen und im Juli 2015 mit der Eröffnungsveranstaltung offiziell gestartet. Das CRID möchte Synergiepotenziale bei der Bearbeitung ethischer und gesellschaftlicher Aspekte in gestaltungsorientierten

Forschungs- und Innovationsprojekten heben. Konkret deckt das CRID zunächst die folgenden Handlungsbereiche ab:

- *Plattform für Engagement.* »Verantwortungsvoll gestalten« bedeutet im Sinne von Responsible Innovation auch, dass Forschungs- und Innovationsprozesse geöffnet und zugänglich gemacht werden. Das Center möchte hier eine Plattform bieten, die Bürgerinnen und Bürgern und anderen Akteuren in der Region die Möglichkeit bietet, sich in Forschungsprojekte und in die Diskussion über das, was wir gestalten wollen und was nicht, einbringen können, zum Beispiel in Form einer Mitwirkung im Expertenbeirat von Projekten.
- *Praktikable Methoden.* Das CRID möchte über die empirischen Erfahrungen in mehreren Forschungs- und Innovationsprojekten »Best Practices« des verantwortungsvollen Gestaltens identifizieren und diese für eine breite Nutzung zugänglich machen.
- *Projektkooperationen in der Forschung.* Das »Center for Responsible Innovation & Design« möchte sich als Ansprech- und Kooperationspartner für ethische und gesellschaftliche Aspekte in gestaltungsorientierten Forschungs- und Innovationsprojekten an der Universität Siegen und in der Region anbieten.
- *Lehre.* Die Aktivitäten des Centers sollen nicht allein auf die Forschung beschränkt sein, sondern auch in der Lehre ansetzen. Hierzu wurden und werden fakultäts- und disziplinenübergreifende Lehrveranstaltungen angeboten. Im Sommersemester 2015 war dies ein Doktorandenseminar zum Thema »Responsible Research and Innovation«. Für das Sommersemester 2016 ist eine Master-Veranstaltung zum Thema Informationstechnologie und deren ethischen und gesellschaftlichen Aspekte in Planung.

Auf diese Weise möchte das CRID einen Beitrag zur interdisziplinären Zusammenarbeit und fakultätsübergreifenden Vernetzung an der Universität Siegen leisten. Weiterführende Informationen zum »Center for Responsible Innovation & Design« an der Universität Siegen sind im Internet verfügbar unter *www.uni-siegen.de/crid*.

Literatur

Flanagan, Mary/Howe, Daniel C./Nissenbaum, Helen (2008): Embodying values in technology: Theory and practice. Information technology and moral philosophy, S. 322–353.

Friedman, Batya/Kahn, Peter H./Borning, Alan (2008): Value sensitive design and information systems. In: Himma, Kenneth E./Tavani, Herman T. (Hrsg.), The handbook of information and computer ethics. Hoboken, NJ, S. 69–101.

Initiative D21 (2015): eGovernment Monitor 2015 – Nutzung und Akzeptanz von elektronischen Bürgerdiensten im internationalen Vergleich.

Muniesa, Fabian/Lenglet, Marc (2013): Responsible innovation in finance: directions and implications. In: Owen, Richard/Bessant, John/Heintz, Maggy (Hrsg.), Responsible innovation: Managing the responsible emergence of science and innovation in society. London, S. 185–198.

Owen, Richard/Stilgoe, Jack/Macnaghten, Phil/ Gorman, Mike/Fisher, Erik/Guston, Dave (2013): A framework for responsible innovation. In: Owen, Richard/Bessant, John/ Heintz, Maggy (Hrsg.), Responsible innovation: Managing the responsible emergence of science and innovation in society. London, S. 27–50.

Parkhill, Karen/Pidgeon, Nick/Corner, Adam/Vaughan, Naomi (2013): Deliberation and responsible innovation: A geoengineering case study. In: Owen, Richard/Bessant, John/Heintz, Maggy (Hrsg.), Responsible innovation: Managing the responsible emergence of science and innovation in society. London, S. 219–240.

Simakova, Elena/Coenen, Christopher (2013): Visions, hype, and expectations: A place for responsibility. In: Owen, Richard/Bessant, John/Heintz, Maggy (Hrsg.), Responsible innovation: Managing the responsible emergence of science and innovation in society. London, S. 241–267.

Stahl, Bernd Carsten/Eden, Grace/Jirotka, Marina (2013): Responsible research and innovation in information and communication technology: Identifying and engaging with the ethical implications of ICTs. Responsible Innovation: Managing the Responsible Emergence of Science and Innovation in Society. London, S. 199–218.

van den Hoven, Jeroen (2013): Value sensitive design and responsible innovation. In: Owen, Richard/Bessant, John/Heintz, Maggy (Hrsg.), Responsible innovation: Managing the responsible emergence of science and innovation in society. London, S. 75–84.

von Schomberg, René (2013): A vision of responsible research and innovation. In: Owen, Richard/Bessant, John/Heintz, Maggy (Hrsg.), Responsible innovation: Managing the responsible emergence of science and innovation in society. London, S. 51–74.

Die Autorinnen und Autoren des Heftes

Univ.-Prof. Dr. Gustav BERGMANN, Universität Siegen, Lehrstuhl für Innovations- und Kompetenzmanagement.

Prof. Dr. Susanne DREßLER, Europa-Universität Flensburg, Juniorprofessur für Musikpädagogik.

Benjamin EIBACH, Universität Siegen, Musikpädagogik.

Dr. Christian ERBACHER, Universität Siegen, Germanistisches Seminar und Universität Bergen (Norwegen), Institut für Philosophie und Wittgenstein-Archiv.

Architekt Univ.-Prof. Dipl.-Ing. Ulrich EXNER, Universität Siegen, Professur für Entwerfen und Raumgestaltung.

Univ.-Prof. Dr. Claus GRUPEN, Universität Siegen, vormals Lehrstuhl für Experimentalphysik.

Univ.-Prof. Dr. Stephan HABSCHEID, Universität Siegen, Professur für Germanistik/Angewandte Sprachwissenschaft.

Oliver HEGER, M.Sc., Universität Siegen, Wirtschaftsinformatik und Center for Responsible Innovation & Design (CRID).

PD Dr. Christian HENRICH-FRANKE, Universität Siegen, Geschichte/Wirtschafts- und Sozialgeschichte sowie Didaktik der Geschichte.

Univ.-Prof. Dr. Gero HOCH, Universität Siegen, vormals Lehrstuhl für Unternehmensrechnung.

Prof. Dr. Petra LOHMANN, Universität Siegen, Baugeschichte und Denkmalpflege.

Univ.-Prof. Dr. Stefanie MARR, Universität Siegen, Professur für Bildende Kunst und ihre Didaktik.

Univ.-Prof. Dr. Dr. Björn NIEHAVES, Universität Siegen, Lehrstuhl für Wirtschaftsinformatik und Center for Responsible Innovation & Design (CRID).

Matthis S. REICHSTEIN, M.Sc., Universität des Saarlandes, Organisation, Personal- und Informationsmanagement.

Dipl.-Kfm. Tobias M. SCHOLZ, Universität Siegen, Personalmanagement und Organisation.

Univ.-Prof. Dr. Hildegard SCHRÖTELER-VON BRANDT, Universität Siegen, Professur für Stadtplanung und Planungsgeschichte.

Univ.-Prof. Dr. Volker STEIN, Universität Siegen, Lehrstuhl für Personalmanagement und Organisation.

Architektin Dipl.-Ing. Katja WIRFLER, Universität Siegen, Tragkonstruktion.

Dr. Andreas ZEISING, Universität Siegen, Kunstgeschichte.

Dr. Christina ZENK, Universität Siegen, Musikpädagogik.